山本 博◆編

人間と歴史社

Photo：水飼紀子

甲州市勝沼町の中央葡萄酒鳥居平農園。鳥居焼きを行なう柏尾山の麓にあり、甲州種伝来を伝える大善寺にも隣接するブドウ栽培のメッカ。

Photo：赤松英一

北杜市明野町の三澤農場。茅ヶ岳西麓に広がり、南アルプス連峰、八ヶ岳、富士山を
遠望する絶景の地にある日本のトップ・ヴィンヤードの一つ。

6 月、三澤農場の作業風景。急激に成長する新梢を垂直に誘引していく。
Photo：ANDO

7 月、三澤農場の作業風景。果房周りの葉を取り除き、陽を当て風通りをよくする。
Photo：ANDO

9 月、三澤農場のシャルドネ収穫作業。切り取った房を丁寧に手入れし、収穫箱に入れていく。
Photo：ANDO

10 月、北杜市白州町にある棚式の甲州畑での収穫。農家の後継者難を受けて取り組み始めた。
Photo：ANDO

3月、鳥居平農園での結果母枝誘引。5月の芽欠きから始まった年度最後の作業である。　Photo：水飼紀子

10月、鳥居平で収穫したカベルネ・ソーヴィニヨンの仕込み・選果を手伝う。　Photo：水飼紀子

はじめに

今、日本ワインの変貌ぶりは目覚しい。全体の品質水準は向上し、かつてのようなワインの体をなしていなかった粗悪なものは姿を消し、国際的味覚水準（レベル）から見て恥ずかしくないものになりつつある。そして、まだ数こそ多くないが、これも国際的に秀逸と評価されるものが生まれつつある。

二〇一三年に、それまで日本輸入ワインのトップの座を長く占め続けていたフランス・ワインを抜いてチリ・ワインが第一位に踊り上がった。その販売実績を見ると、約二割五分が業務用販売店で、七割五分がスーパーやコンビニで売られている。これは重要な現象である。家庭用に消費されていることを示すからである。明治維新以来、日本人がワインを飲むようになったが、ほとんどが舶来品として高価で一部の人達が贅沢品として飲んでいるだけだった。今や消費の面でも新現象が起きている。

明治政府は産業振興の一環としてブドウ栽培・ワイン造りを奨励、これを受けて全国で醸造所が生まれたが、ほとんど挫折した。基本的には食生活の違いが原因で、ワインを造っても売れなかったからである。成功したのはサントリー社の赤玉ポートワインのような人工甘味葡萄酒だった。

第二次大戦後、一九七一年に貿易自由化になると状況が激変、世界中のワインが奔流のように日本市場に流れこんで来た。日本の国産ワインは厳しい国際競争にさらされるようになった。もともと日本の風土はワイン造りに向いていない。ことに樹の成育期の多雨と多湿、そして酸性土壌がガンである。そうしたハンディを背負いながら日本のワイナリーは苦汁を重ねて来た。さらなる障害がまだあった。農地法である。戦後、農地解放を目的に制定されたこの法律は自作農中心主義を取っている。そのため法人が農地を所有できない（サントリー社が登美の丘に広大なブドウ園を持っているのは、戦前に土地を買ったからである）。世界のワイン産業における常識のひとつは、ワイナリーが自立で経営して行くためには少なくとも三ヘクタール以上の自己畑を持つことである。日本でかなりの規模のワインを生産しようとするワイナリーは、どうしてもワインの原料のブドウを栽培農家から買わなければならない。その農家は零細農家が多く、しかも買取り価格が高い。つまり日本ではワインを安く造ることが難しい。そうした障害にもめげず、ワイン造りの人びとが、現代醸造学を導入し、日本人の特性である勤勉さを発揮して、日本のワインをどうやら今日のレベルまで引上げて来たのである。

そうした中で、また新しい問題が生じて来ている。ブドウを栽培する農家の老齢化と若者の農村ばなれである。山梨の勝沼などでは、いわゆる「空き畑」の増加がワイン産業の危機の象徴になっている。そうした時代的背景の中で中央葡萄酒で形成されて来た「栽培クラブ」は注目に値する。都市市民と農業との結びつきというテーマにひとつのあり方を示唆しているからである。ユニークであるだけに、他のどこでも真似が出来るというものでない。ただ、あくまでひとつであるが、考えさせるところがあることも事実なのである。そうした視点で書かれたのが、本書である。

二〇一五年九月二十日

山本 博

ブドウと生きる　目次

第二部　手記　栽培クラブで働くことの楽しさ　105

【第一部】グレイス栽培クラブのかたち

4月、残雪を頂く南アルプス・甲斐駒ケ岳を背景にメルロの苗植えをする。
Photo：ANDO

1　グレイス栽培クラブ誕生の軌跡

栽培クラブ発足の契機となった 2007 年 2 月の「鳥居平剪定体験ツアー」
Photo：ANDO

グレイス栽培クラブとは何か

世界に類をみない組織

名前から推測すると、何かを栽培するクラブのようである。山梨県で大手以外で頭角を現している中央葡萄酒は「グレイス」という優美な名を持ったワインを出しているが、その中の「甲州」が世界的に有名なデカンター誌のコンクールで金賞を獲得したことは、日本ワインの愛好家なら誰でも知っている。だから、このワイン用の「ブドウを栽培する人たちのクラブなのかな?」と考えることはできる。

勝沼には「勝沼ワイナリーズクラブ」というクラブがあるが、これはすぐれたワインを勝沼で生産しようと志向する人たちの集まりである。現在日本では、ワインの原料にするブドウはワイナリー自身が栽培するか、またはブドウ栽培する農家たちから買うこともある。そうすると、そのようなブドウ栽培をする人たちの集まりかとも思える。

じつは、このクラブはそうした集まりとはまったく違っている。新しく、ユニークで、日本ではいまだかってなかった斬新的な集団である。そしてちょっとわかりにくい組織なのである。世界でも、このような組織は例を見ない。

独立したボランティアの集団

わかりやすく正確に説明すると、「中央葡萄酒」が所有するブドウ畑（現在はミサワワイナリーが中心）の「ブドウ栽培」だけに従事する「素人」の集団なのである。そして変わっているのは、中央葡萄酒に雇われているのではなく、独立した個人のボランティアの集団なのである。

つまり、「中央葡萄酒」のブドウ栽培のために働いているが、中央葡萄酒から一銭のお金ももらわない。東京の人が多いが、東京から通ってくる電車代も自分持ちである。昼食も手弁当なのだ。なんでそんなムダ働きをするのか？　どうしてそんなことができるのかと疑問を持つ人が出てくるかもしれない。参加する会員の動機は、「自然にふれたい」「自然のもとで畑仕事をしたい」という、自発的な熱情なのである。

言い換えると、働くほうは「集団で手伝ってやる」とか、「手助けをさせていただく」というのでない。ワイナリーのほうは「無償なら手伝わしてやる」とか、「無償で手伝っていただく」というのでもない。ワイナリーのほうは「会員に働く場所を提供する」、会員のほうは「自分の意志で働く場所が見つけられた」のである。

中央葡萄酒の社員からすれば、栽培クラブの会員は「お客」でなく、共に働く「仲間」であり「同志」なのである。もし働く側と受け入れる側のどちらかでも、恩きせがましいような不遜な態度を取ったとしたら、このクラブは今日のような成功を見ていないだろう。お互いの側が、それぞれ「感謝」し、相手側を「信頼」し、そして「理解」しあうというスタンスが必要だったのである。相互感謝、相互信頼、そして「相互理解」という精神的きずながあったからこそ、この会が長続きしたのである。

一年を通してのブドウ栽培

世界のワイン産業の中で、ブドウの収穫期に臨時に人を雇うことは広く行なわれている。ポートワインを造るポルトガルのドウロ河の「キンタ」（ブドウ栽培ワイン醸造所）では、収穫期になると各地の農民がグループを作り、楽器を鳴らし歌を歌いながら行進し、キンタを目指して集まってくる光景はこの地方の昔からの伝統的な風物詩になっている。

スペインでも、収穫期には他地方からの摘み取り人が雇われに集まってくる。ブルゴーニュでも（ロマネ・コンティでも）収穫期には、そこで働くことに喜びや誇りをもつ人たちがブドウの収穫の手伝いに集まってくる。日本の勝沼でも、ブドウの収穫時に臨時に人を雇うことは、よく見かけられる年次行事のようになっている。

しかし、「グレイス栽培クラブ」はこの点がまったく違う。秋のブドウの収穫期だけでなく、「一年を通して」――春の芽かきから夏の除葉・整枝、冬の剪定まで――ブドウ栽培の全行程の作業に従事しているのだ。

これが重要なのである。それだからこそ、ブドウ栽培の大変なことが実感できるし、生まれたワインは我が子のように愛すべき存在になる。三澤農場畑で栽培クラブの会員がブドウ栽培を手伝い始めたとき、苗木を植えた人はその一本一本に自分の名前を書いた「名札」を付けたことがあったくらいである。その木が育っていくのを見る人の気持ちは、他人にはわからないだろう。

都市生活者と農家のコラボレーション

会員はなぜ集まってくるのか

今日の都市生活は、航空機・電車・自動車から始まって、電気・水道・レンジから洗濯機・冷蔵庫・トイレにいたるまで、人の行動を便利にする手段で満ちあふれている。華やかなイルミネーションが輝き、さまざまな店舗が建ち並び、都市の生活は快適で楽しい。高層ビルの景観は「素晴らしい」と多くの人が考える。確かにそうである。しかし、立派な高層ビルで働き、コンクリートの立派なマンションに住んでいても、「アスファルト・ジャングル」といわれる都市生活に飽きがきたり、空虚に感じることがないだろうか?

ブドウ畑での作業は、「自然」とのふれあいそのものである。生きとし生けるものが、生命の讃歌を歌い上げる場である。山登りや山林の散遥は楽しい。しかしそれは「遊び」であって、「労働」や「仕事」でない。クリエイティブなところがないのだ。

畑での仕事は、汗を流して働き、物をつくり出す作業である。人が働くのは、何かの物をつくり出すために働くのであって、それだけに充実感がある。農村で働くのは悪くないが、自分の人生と結びついている自分の職業を捨てられるものでない。まして本当の農民になるという話になると、そう簡単にできることでない。家庭菜園で働いたり、庭で花を育てるのも楽しいが、何かが欠けている。働く喜び、人に役立つ生産に従事するという充実感がない。また、ワインの好きな人は、一度はブドウ栽培をやってみたいと思うだろうが、ワイナリーに雇われるのは嫌だし、誰でも自分のワイナリーを持てるわけでない。

生命の息吹がないという意味で殺伐な都市生活から一時でも脱却し、自然と共に生き、働きたいと思う気持ちをもつ人は少なくないはずである。大切なことは、命令されて働くのでない。自分の意思で、汗を流して働くということは「人として生きる」ということを実感させる。

都市生活の精神的空虚を埋めるのが「ブドウ栽培」であり、そうしたいと考える人が集まったのが「栽培クラブ」なのである。クラブの集団的行動によって、多くの人とのふれあいができることも含まれている。それが一人や二人の話でないのだ。

このように従来とはまったく異なった、「都市市民と農家のコラボレーション」といえるような栽培クラブが育ってきたのはなぜだろうか？

栽培クラブが発展した背景

現在会員数は、平成二十七年五月時点で二〇〇名にもなっている。平成十九年に正式にクラブとして発足したが、その前身時代というべき時期もあり、一〇年を越す歳月がかかっている。なぜこのように拡大し、しかも牢固たる組織に育っていったのか？　ということについては、いくつかの環境条件というものがある。そもそもの初めと、育つには育つだけの理由があった条件に分けて明らかにしておこう。

この十数年の間に日本のワイン事情は激変している。平成十五年（二〇〇三）に早川書房から『日本のワイン』（山本博著）が書かれた以前は、日本のどこにワイナリーがあり、それぞれどんなワインを出していたか、まったく知られていない。いや、知ることすらできない状況だった。

　ワインの造り手たちも、自分のワイン造りをどうしたら飲み手にわかってもらえるか、という問題意識がなかった。飲み手のほうもそうで、ワイナリーに訪れてみようと思う人は、ほとんどいなかった。ワインの生産者は、自分の醸造所の一隅に部屋を設けてワインの壜を並べていたが、それは自分の商品を売る「売店」にすぎなかった。ワイナリーは単にワインをつくる醸造所でなく、ワインを知りたいと思って訪れてくる人との「対話の場」という発想がなかった。

激変した世界のワイン事情

　世界的にも二〇世紀の後半まで同じようだったが、しかし二〇世紀の最後の二五年（クオーター）で「世界のワイン地図が塗り変えられた」とまでいわれるワイン産業の激変が起きると、事情が変わってきた。オーストラリアでは、休日には家族中で車でピクニックに行き、野外でバーベキューを楽しむのが国民的娯楽になっている。この国で、ワイナリーがそれに目をつけた。ワイナリーに食堂を設けて「ワインを飲んでもらう」というアイディアを立て、それが多くの客を引きつけることになった。アメリカでは、ナパ・バレー地区に数多くの「ブティック・ワイナリー」が誕生し、それがサンフランシスコの住民たちに喜ばれ、ナパを訪れる人を急増させた。

　旧世界でもそうである。ボルドー地方では有名なシャトーは気位が高く、庶民には門戸を閉ざしていたが、有名なシャトー・ムートンはワイン美術館と試飲所を設けてシャトーめぐりの楽しさをアッピールした。有名なシャトー・マルゴーは、見学者を受け入れるシステムをつくったし、シャトー・コスデストゥールは壮大なレセプションをつくった。ブルゴーニュ地方では、モータリゼーションのおかげで、パリだけでなくドイツを始めとする訪問者（自分の飲むワインを安くケース買いするのが目的）が押し寄せ、ワイン街道では「直売」（ヴェント）の看板が立ち並んだ。

ワインのバイブルとまでいわれた『フランス・ワイン』を書いたアレキシス・リシーヌは、「畑に行っていなければならない親爺が売店に居座り、自分のワインの自慢話をしている」と皮肉ったくらいである。アルザスは、もともと古い木造の軒並みが美しいところだが、建物の軒々を花で飾り立て、ワインを飲める場所を増やして大観光地になった。

日本のワイナリーの変化

日本でも、ワイナリー訪問客が増えるようになった。そして、ワイナリーは単なる売店でなく、そこを「楽しい場所」にすることがワインの最大の販売戦術だと気がつき、訪問客を楽しませるところが現れてきた。九州は久留米の「巨峰ワイン」とか、新潟の「カーブドッチ」がそうした楽しい場所をもつワイナリーになり始めた。

山梨では、さすがに勝沼町がいちはやくそうした新しい流れを受けとめた。「勝沼ぶどう郷」と改名した駅の前の丘に「勝沼ぶどうの丘」と呼ばれる施設を新設して観光客受け入れ体制をつくり、ワイナリー・マップまでつくった。大手では「マンズワイン」が大規模なバーベキュー食堂を建て、「メルシャン」社は古いワイン発祥の地をアッピールするミニ博物館をつくり、「サントリー」は登美の丘で多人数の観光客をシステム的に受け入れる体制を整備した。

中小ワイナリーでは、「原茂」が洒落たカフェをつくり、「まるき」は二階をギャラリーにした。訪問客が「楽しめる」というアイデアから画期的デザインをした山梨の「本坊マルス」に、第三セクターでこれに範をとった広島県の「みよしワイン」と山形県の「朝日町ワイン」はメルヘンチックな建物で家族連れが楽しんでいるし、神戸市の「神戸ワイン」は広大な畑を背景にいろいろ楽しめる工夫をこらしたレジャーセンターになり、市民の誇りになっている。

特異的な中央葡萄酒のシステム

長野市の奥という不便な地にある「サンクゼール」はオーナーの信条から礼拝堂を建て、美しい庭園と機能的な食堂で遠路の若い客をひきつけている。伊豆は、修善寺の「シャトー・TS」はカリフォルニア風のスマートな建物で新名所になったし、山梨の「シャトー酒折」はユニークなデザインで南アルプスを眺望できる広い売店を備えている。

このように、この二〇年の間に日本中のワイナリーが相貌と機能を一変したが、なかでもユニークな魅力を放っているのが、長野県東御市の「ヴィラデスト」である。もともとヨーロッパのグッズを輸入していた玉村夫人の実績もあって、画家でもある玉村豊男の手になる彩陶皿をはじめ、月並みでない物品が並ぶ売店、東京の有名店に負けないパンとレストラン、これもまた夫人の夢だったハーブガーデン、異色の才能をもつ才筆家・玉村豊男を慕って訪れる客と談論を楽しむため、当主みずからが毎日ワイナリーに陣どっている。いまや、このワイナリーをみてワイン造りを志す人たちがこの周辺に集まり、千曲川ワインバレー構想をもつ新ワイン産地が誕生しつつある。

勝沼きっての論説家・丸藤葡萄酒の大村春夫は古いワイナリーの中に一室をつくり、訪問客と論談をたたかわせる場所にした。ヨーロッパのワイン愛好家のなかで、「つくり手の顔が見えるワイン」ということが注目されるようになったからである。

中央葡萄酒の三澤社長が早くからこうしたことに気がついていたから、等々力の社屋の二階をスマートなレセプション・ルームに仕立てた。ただ、三澤社長の考えたものは、さらにそれから一歩進んだものだった。訪問客が単にレセプション・ルームでワインの壜を眺めながら試飲するだけでない。ブドウ栽培の現場とワイン醸造の実際を、専門家がついて説明するという「体験システム」をつくったのである。訪問客のために、常時数名の解説要員を準備するということは、できそうでそう簡単にはできることではない。自分のワインを、飲む人たちに理解してもらわなければならないという決意から、それをあえて決断したところに三澤社長の卓眼があった。そして、これが「グレイス栽培クラブ」発足の原点になったのである。

今になって考えるとこの異色の栽培クラブは社長の三澤、農場長の赤松というキャラクター、そして優れた会員の結果という三つがバランスを取りつつ緊密に融合し合って動いたという幸運なファクターがあったから発展できたということが出来るだろう。

2 グレイス栽培クラブの誕生と発展

——栽培クラブはどのようにして生まれ、どのようなことをしているのか?

ブドウの可憐な花。花びらにあたる花冠が飛んで、雌蕊と雄蕊がむき出しになる。
Photo：ANDO

1 きっかけとなった「剪定体験ツアー」

グレイス栽培クラブが誕生したのは、平成十九年五月である。

そのきっかけとなったのは、同年二月に開催された「剪定体験ツアー」であった。

中央葡萄酒では、それまでも酒販店や飲食店を対象に、年に数回セミナーを開催していて、その際、プログラムの一環に農場見学と栽培体験を実施していた。これは参加者に人気のあるプログラムの一つだった。そこで勝沼本社の企画担当者が、客足の落ちる冬季の集客対策として、一般顧客を対象とする「剪定体験ツアー」を考えついた。鳥居平農園での剪定体験と、ホールでの昼食（ほうとうとワイン）を組み合わせた企画は反響を呼び、一日三〇人の定員で三日間募集したところ、すべて満員となる九〇人の参加があった。

「年間栽培体験」の企画

この参加者に感想アンケートを募ったところ、今後の希望として「ブドウの収穫まで年間を通して栽培活動に参加したい」という要望が多かった。これを受けて、栽培部門の責任者である農場長の赤松英一が「年間栽培体験教室」の企画を提案した。

じつは、赤松は当時すでに六十歳で、近々農場長の職責を後継者に譲るつもりでいた。そしてその後は、ワイン愛好家にブドウ栽培を教え、共に働くことを今後のライフワークにしようと考えていた。当初、赤松は自宅に隣接する三澤農場（平成十四年から平成二十三年までは「グレイス・ワイン明野農場」）を開催場所にするつもりだった。ところが、農場長の後任の予定者で、すでに実質的に三澤農場運営の中心となっていた仲野廣美が、「鳥居平にしたらどうか」と提案した。三澤農場全体の作業量が年々増大し、限られた社員の力を鳥居平農園の維持に振り向けるのが困難になっていたからである。

❷ 成功した「剪定体験ツアー」

そこで、赤松がワイン愛好家とともに「鳥居平農園」を全面管理するプランをつくり、その実現可能性を探るために、剪定体験ツアー参加者にメールでアンケートをとってみた。ところが、九〇人中、メールで申し込みのあった代表者四七人に発信したところ、すぐに一七人（参加者二七人相当）から回答があり、必ず参加するが一六人、できれば参加したいが一一人で、参加頻度としては月二度の作業日に毎回参加が七人、月一回が一九人だった。これなら毎回少なくとも十数人の参加が見込まれるわけだから、プランを正式決定した。

「グレイス栽培クラブ」の誕生

会の名称を「グレイス栽培クラブ」とし、剪定体験ツアー参加者だけでなく、ホームページとメールマガジンを使って、広く会員を募集したところ、五九人の方々から申し込みがあった。会の入会式を兼ねた第一回目の作業日を五月十二日と十三日（日）として、参加者が均等になるよう受け付けたところ、十二日には三二人、十三日には三〇人の方々が参加したのである。

入会式当日、赤松は栽培クラブの基本性格について次のように呼びかけた。

「会員のみなさんがブドウ栽培を学びながら、自分たち自身の力で鳥居平農園のブドウをつくっていくのです。お客様へのサービス企画でもなければ、営利事業でもありません。鳥居平農園は中央葡萄酒にとって大きな役割を果たしてきた農場で、高品質なブドウを生産できるところです。会の運営は基本的に会員相互の協力で行ないます。今日は数人の社員が手伝っていますが、次回から会社で関わるのは私ひとりです」


当日の作業である「芽欠き」について、ブドウの発芽や新梢の成長のシステム、良い果実を育てるための栽培方法などについて解説したうえで、具体的な作業に入った。

当日、取材に来ていた日本経済新聞の記者は、その報告記事にこう書いた。

〈ブドウづくりに本気の『素人』を育てる？　中央葡萄酒が勝沼町にある自社の鳥居平農園で始めた試みだ。三十一人が不要な芽などを除く『芽欠き』に参加した。「わかりますか」「難しいですね」。中年男性同士が言葉を交わす。「すいませーん」若い女性が赤松農場長を呼び、質問を浴びせる。一時間もすると慣れたのか、みな意外にてきぱき作業をこなし始めた。「他のワイナリーでも作業に参加したが、こっちの方がかなり真剣」。埼玉県川越市から来た三十代の夫婦は楽しげに相談しながら手を動かす。年会費八千円、労働の対価は自分でつくったブドウから二年後にできるワイン1本。でも日常の仕事では得られない『何か』を手に入れられるかもしれない。〉

サン・ヴァンサンの像の前で祈る

当時を回想して、三澤社長は次のように語っている。

「〈こっちの方がかなり真剣〉とは言い得て妙である。剪定体験ツアーを始めた平成七年頃の一般的な感覚となると、中央葡萄酒といえども、真面目に素人集団に剪定を委ねようとはさらさら思っていなかった。当初、体験ツアーは差しさわりのない仮剪定の段階で止めていた。畑の中に立つサン・ヴァンサンの石像が置かれていた。一月二十二日になると、町内のワイン仲間が集まってこちらのほうのサン・ヴァンサンの像の前で祈った。私にとって剪定開始の合図であった。聖なる剪定こそが、毎年のことながら秋にもたらすブドウの収穫を決めていく。体験ツアーの現場となった鳥居平の農場はわずかな面積であり、二〇〇〇本程度のブドウ樹が植えられていた。量が少ないだけあって、収穫するブドウは貴重であった。当時としては、素人に本剪定を委ねるのはとうてい無理な発想であった。しかし本剪定でなければ、秋に実る果実との因果関係と結びつかない。澄みきった寒空のもとでの剪定は、ことさら神聖であった。私は一大決心をして本剪定を体験ツアーに組み込むことにした。案の定、実を着かせる新しい枝を伸ばす主幹をバッサリ切ってしまう参加者がいた。一年待てばまた元に戻るから気にしなくてよいと私は相手を慰めながらも、こうした本質に迫らねばならぬ頑なな性分を心ならずも反省した」

参加者の一人である煎本正博は、初日に参加した感想を、帰宅後、赤松にメールで伝えている。

「本日の鳥居平での作業で、じつは予想外の展開に驚くとともに、興奮を隠せず帰ってきました。剪定体験とはまったくことなる意図であることはよくわかりました。会社の由緒ある畑を素人の私たちに委ねるという、冷静に考えてみれば無謀とも思われる企画です。しかし、最近、勝沼の農家の皆様や、醸造家の皆様とおつきあいしたり、麻井さんの著書を読んでいるうちに、まだまだ日本でも優秀なワインをつくれる可能性があることがわかってきました。この活動が、ワイン用葡萄の栽培を日本で普及させる小さなブレイクスルーになるのではないかと思っています。この決断をされた三澤社長をはじめ、中央葡萄酒の皆様の慧眼に心服いたしております。今後ともこのグループが互いに助け合いながら、葡萄を育てて行くという企画に全面的に賛成です」

煎本は放射線科の医師である。画像遠隔診断を業務とする会社の代表だが、勝沼に別荘兼オフィスを持って週末を過ごしている。

3 グレイス栽培クラブの現況

平成十九年に約八〇人で発足した栽培クラブが一〇年たらずの間に次々と会員が増え、平成二十七年現在、年度会員だけで二〇〇人に達し、この九年間の間に参加した実人数は四四〇人を数えている。

ブドウの「栽培」は、摘んだ果粒をワインにする「醸造」とはまったく別の世界である。ブドウの「醸造」は、高度な専門的知識を持ち合わせた「造りの思想」が重要であるプロの世界だが、ブドウの「栽培」はいわば農作業で、素人でもきちんとした指導を受けさえすればできないことはない。ただ、素人のつくった野菜は不揃いで形が悪く、味も専業農家のつくったものと比べると見劣りするものになりかねない。

ワイン造りにおいては、一見、ブドウの「栽培」とワインの「醸造」とは車の両輪のように囚われがちであるが、優れたワインを生み出すには、醸造技師の徹底した想いに尽きる、といっても過言ではない。醸造家と栽培者のレベルが相伴わないかぎり、良いワインはできない。偶発的にどんなに良いブドウをつくっても、熟練した醸造技師がいなければ優れたワインは生まれない。優れた醸造技師がいて、はじめて優れたブドウとなるのである。

良いブドウがあってこその醸造

しかし反面、ブドウが良くなければ技師はお手上げである。それゆえに、自園で実るブドウに軍配があがるのである。生果中心であり、その多くを買いブドウで占めていた山梨では、今でもブドウ栽培農家の間に「クズブドウから良いワインをつくるのが醸造技師の腕だ」という迷信が残っているようだが、そんなことは絶対にない。良いブドウがあってはじめて、技師は力量を発揮できるのである。店頭に飾られているブドウの房や、みごとに広がるブドウ畑を見ただけではわからないが、ワイン用ブドウの栽培には――良いワインをつくるためには――その栽培のプロセスの中でじつに多くの「手入れ」、世話焼きが必要なのである。

ブドウ栽培には一年を通して次のような作業が必要だが、その手抜きをしたり粗雑な扱いをすると、てきめんにその結果がワインに現れてくる。その意味で、良いワイン用ブドウを栽培することは決してやさしいことでない。

栽培クラブは、いうならば素人の集団である。しかも一人や二人でなく、二〇〇人を越す多人数である。この難点を克服するのは、赤松が行なう事前講義と、熟練した会員を班長として、少人数の班員を指導する小班編成のシステムと全体との融合を図るその組織化なのである。

年間作業とそのローテーション

●施肥（十一月）

ブドウの施肥は、基本的に収穫後の秋に行なう元肥撒きだけである。石灰や堆肥の散布が主で、鳥居平は会員が手撒きで行なうが、明野は社員がトラクターや自走散布機を使って行なう。

●剪定（十二月〜二月）

剪定は良質な果実を得る目的で、芽数を適正な数に減らすために「熟枝」（果実をつけていた新梢は越冬して翌年萌芽する栄養分を貯蔵するために茶色く固くなるので、熟枝と呼ぶようになる）を切り落とすことである。これはブドウ栽培でもっとも重要な作業である。

剪定の基本原理＝方法は、一つの樹の枝数を少なくして、その枝には芽を多く残す「長梢剪定」と、枝数は多くするかわりに一〜二芽しか残さない「短梢剪定」の二つがある。

また、ブドウは本来ツル性の植物で、単独では樹型をつくれず、自然界では他の樹木に巻き付いて成長する。人間が栽培する場合には、良質な果実を効率的かつ継続的に得る目的で、棒（支柱）やワイヤーを用いて、特定の型に育てる。これを「仕立て型」（整枝型）と呼ぶ。

仕立ては、歴史的・場所的にさまざまな方法が存在する。代表的なものが、フランスで主に採用されている長梢剪定を基本とする「ギヨ」と、短梢剪定を基本とする「コルドン」である。中央葡萄酒では、コルドンをメインに、特定の圃場でギヨおよびＧＤＣ（ジェネバ・ダブル・カーテン）を採用しているが、樹の状態によって長梢剪定を積極的に使うなど、柔軟に対応している。

ブドウが活動を停止している冬の休眠期（十二月～三月初め）に行なう「冬季剪定」は、翌年のブドウの収穫を左右するだけでなく、今後の成長全体を決める重要な作業であるから、本来は熟練を必要とする。そのため、この重要な剪定の指導は他の作業と異なり、きわめて注意深く行なわれる。

最初に赤松が実技の見本を示し、そのあと各会員に自分が担当する樹の剪定方針を考えてもらい、まとまったら赤松に申告してチェックを受け、しかるのちに実際に剪定する。こうしたやり方を繰り返して、徐々に自主的に作業していけるようにするのである。

●結果母枝誘引（三月）

昨年の結果枝である熟枝を、水平に張られた結果母枝誘引線（フルーティング・ワイヤー）に固定する作業が「結果母枝の誘引」である。コルドン仕立ての場合は永年性の主枝（コルドン）がもともと誘引線に沿って伸びているが、ギヨ仕立ての場合は垂直に立っている長梢結果母枝を曲げて水平にして、バインド・

タイやテープで誘引線に縛りつける必要がある。

●芽欠き（五月〜六月）

ブドウは四月末ごろに、前年伸びた枝の葉の腋にあった芽から萌芽する。すべての芽は葉を交互につけながらどんどん伸びる枝（新梢という）となり、通常三枚目と四枚目の葉の反対側に花房をつける。前年の枝からたくさんの芽が萌芽するので、そのままだと枝数、つまり果実の数が多くなりすぎ、一つ一つの実は貧弱なものになる。そのため、果実の品質を上げる必要上萌芽したばかりの芽や、伸び始めた新梢を減らす作業を「芽欠き」という。

●新梢誘引

垣根式栽培の場合、地上六〇〜八〇センチの高さに水平に張られたワイヤーに、固定された前年の枝から萌芽した新梢を上向きに伸ばす。倒れないように三段ほど水平に張られた二重のワイヤーの間に挟んで、クリップやバインド・タイなどで固定する作業を「新梢誘引」と呼ぶ。このとき、新梢と新梢の間隔が一〇センチ程度になるようにあらかじめ「芽欠き」の段階で調節している。こうして各新梢がほぼ等間隔で垂直に並行に誘引されることによって、すべての新梢の葉が太陽の光をまんべんなく浴び、もっとも有効に光合成をすることができる。この間隔が狭い場合には、隣りの新梢の葉同士が重なり合って蔭をつくって光合成を阻害するし、間隔が広い場合には太陽光を無駄に逃すことになる。

●摘芯（六月〜七月）

伸びた新梢は放置するとどんどん伸びていくので、一メートル四〇センチくらいの長さで一律にカットする。この作業が「摘芯」で、鳥居平では会員が長鋏を使って行なっているが、明野では社員がリーフカッターという機械で行なっている。この長さは、各新梢につく二つの果房を成熟させるのに必要な光合成生産物＝炭水化物の量から導かれている。厳密に科学的にいうと、一グラムの果実を成熟させるには、最低一二平方センチの葉面積が必要とされる。これに基づいて、二つの果房を成熟させるのに必要な葉面積Ⅰ葉枚数（本葉で一六枚）から新梢長を導き出している。

●房周りの副梢とり（六月〜七月）

ブドウのそれぞれの葉のつけ根（腋）には、二つの芽が付いている。そのうちの一つは、新梢が伸びている春のうちに萌芽して、新梢のミニチュア版になる。これが「副梢」である。ちなみに、もう一つの芽は「冬芽」といい、そのまま越年して、翌年萌芽して新梢を生み出す。副梢は、新梢の成長点が何らかの事情で損なわれた場合に、代替する役割をもっている。また副梢の葉も、本葉を助けて光合成に寄与している。果房付近の副梢が伸びると、果実に太陽光や風が当たらなくなって、病気が出たり、果実の品質を低くする。そこで、房周りだけは副梢をすべて取ってしまう必要がある。

●雨除けシート張り（六月〜八月）

ヨーロッパ系のワイン専用品種は、元来乾燥した気候を好み、多湿な環境だと病気になりやすい。そのため鳥居平ではマンズワイン社が開発した「レインカットシステム」と呼ばれる垣根施設を採用した。これはブドウの樹をビニールの屋根で覆ってしまうもの。これに対して、三澤農場では房の部分だけをシートで覆う「スマート・ジャパンシステム」の雨除け方式をリチャード・スマート博士やココ・ファームなどと協力して独自開発した。これらの雨除けシートは、梅雨に入る前か、秋雨前線がやってくる前か、どちらかのタイミングで設置している。

●摘房（七月～八月）

「芽欠き」「新梢誘引」「摘芯」の三つの作業を済ませることによって、新梢は必要にして十分な長さ、間隔、葉面積が満たされ、したがって光合成生産量を確保する。しかし新梢が弱くて短かかったり、病気や天候の影響で葉の光合成能力が低かったりして、一新梢に二つ付いた果房が十分に成熟させられないことがあり得る。こんな場合には、果房を一つに減らしたり、全部取ってしまったり、あるいは果房を小さくしたりして、光合成の供給量に見合った質量に果房重量を調整する必要が出てくる。この作業が「摘房」で、欧米では「グリーンハーベスト」と呼んでいる。

光合成生産の供給面を最適化する「芽欠き」「新梢誘引」「摘芯」と、受容面を調整する「摘房」、それに果房付近の環境を整える「副梢除去」（除葉）、この五つの作業をベレーゾン（果房が着色・軟化する成熟への転換点）までに完了させることが、良いブドウ果実をつくるうえで最も重要な課題である。

●病果摘粒

七月末から八月初めのベレーゾンまでに必要な作業を済ませたら、基本的にはあとは成熟を待つだけなのがブドウの栽培である。どこまで成熟し、いつ収穫するかは、天候が決めてくれる。ただし、天候のせいで病気にかかった場合には、手をこまねいているわけにはいかない。こまめに病果を「摘粒」する手入れを行なうことになる。

●収穫（九月～十一月）

ブドウの果実は、結実直後のケシ粒ほどの大きさから肥大していく段階では濃い緑色で固く、内部では酸がどんどん増大している。その肥大が一段落したとき、種子の内部で胚が成熟し、次世代の生命を宿す。そうすると、その胚を守るために種皮が固くなり、種子を取り巻く果肉は柔らかく甘くみずみずしくなり、果皮は色づいてくる。鳥や獣などの動物に果実を食べてもらって、種子を糞とともに排泄させることによって広範囲に子孫を残そうとする植物としての本能である。このベレーゾン以降、果実は再び肥大するとともに、酸が減少する代わりに糖が増加し、赤ワイン用の黒ブドウでは果皮が赤→紫→黒へと変化していく。白ワイン用のブドウも緑色が薄れて透明感を増しつつ、だんだん黄金色に変化していく。

こうして成熟していくブドウをどの段階で収穫するかは、つくろうとするワインのタイプによって決まってくる。そのため、収穫期の決定は栽培クラブではなく、醸造技師の責任である。鳥居平ではメルロが九月初旬から中旬、カベルネ・ソーヴィニヨンが九月下旬から十月初旬に収穫適期となる。明野ではシャルドネが九月中旬から下旬、メルロが九月下旬から十月初旬。甲州は十月中旬から下旬に収穫期を迎える。

収穫の作業そのものは、ハサミを使って果房を果梗のところで枝から切り離し、房の中の病果、未熟果を取り除く手入れをしてから、一〇キログラム入りの収穫箱に入れていく。

●片づけ（十一月）

収穫後、新梢の誘引に使ったバインド・タイ、クリップなどを回収したり、雨除けシートを回収する作業である。

4 栽培クラブの中央葡萄酒内でのポジション

栽培クラブがそう長くない期間の間に大人数の組織になり、内容的にもユニークで立派な組織に育っていった。しかし、収穫したブドウを「醸造」するという宿命的課題と無関係というわけにはならない。その意味で中央葡萄酒が行なう「醸造」の問題を抜きにして栽培クラブだけを論じるというわけにはいかない。しかし、栽培クラブを紹介するために書いたものであるから、中央葡萄酒自体についてはあえて紙数を割かなかった。しかし必要最小限で、栽培クラブとの関係について触れておく。

中央葡萄酒との関係

「中央葡萄酒」は大手を別にすれば、ファミリーワイナリーとしてそこそこの規模のワイナリーである。

売店や事務職の者を含めると二六人の社員が働いている。そして勝沼の「等々力」に本社とメインの醸造工場があり、それとは別に「明野」にワイナリーと広大な自社ブドウ畑がある。

勝沼には「鳥居平」と、その西隣りの「菱山」に、面積こそ小さいがブドウ畑がある。また、そうした自社畑とはまったく別に、鳥居平をはじめ主に山梨県内の契約栽培農家からブドウを買い取ってワインをつくっている。年間総生産は壜にして約二〇万本。アイテムも少なくない（なお、北海道の千歳にもワイナリーがあり、三澤茂計の長男計史が従来日本では優れたワインを造ることが困難視されてきたピノ・ノワールに挑戦。ジンクスを破るべく情熱を注いでいる）。

醸造本数だけであれば主力は本社工場である。勝沼の鳥居平は栽培クラブが全部栽培に当っているので、本社工場のほうにブドウ栽培のスタッフは兼任である工場長の仲野とそれを補佐する前川以外はいない。これに反し、明野のミサワワイナリーのほうには醸造技師もいるが、醸造兼務も入れれば農場担当の職員が六人も配置されている。赤松も含めれば七人となる。単純計算をすれば、一人あたりの農場担当面積は二ヘクタール程度であり、労力的に三澤を悩ませている。

勝沼と明野を含め、全体の栽培・醸造の責任を負っているのが三澤彩奈。勝沼本社工場について言えば、彩奈以前の特筆すべき存在として、渡辺茂（山梨大学工学部卒の醸造技師、千歳ワイナリーの立ち上げも担当）がいた。現在は退社。勝沼で渡辺の後をついで醸造の全責任を負って優れたワインを出し続けてきたのが仲野廣美（東北大学卒。農学博士、ワイン科学士。現在勝沼工場長）。仲野の働きと共に現場で重きをなしているのが土橋雅純（昭和六十一年入社、高校卒。ワイン科学士）。そして前川洋平（東京農大、東京バイオ専門学校卒。ワイン科学士）。明野のミサワワイナリーの工場長はベテランの雨宮幸一（信州大学卒）。醸造担当は飯嶋正夫（昭和六十二年入社、ワイン科学士）、吉澤拓也（東京バイオ専門学校卒。農場兼任）。こうした人材の中で出色なのが土橋雅純と飯嶋正夫。二人とも若くして入社したいわば生えぬき。三澤社長は二人を海外研修に派遣しただけでなく、社業のかたわら特別研修で勉学させワイン科学士にまで育てた。このようなことは中小企業ではなかなか難しい。

この醸造担当とは別に、農場・栽培担当の技師が五人配置されている。まず、農場長が潮上史生（元競輪選手。ワイン科学士）、小島充義（ニュージーランドのリンカーン大学卒）、水野裕紀（平成二十二年入社）、萩原伸一（平成二十四年入社）、岸野公亮（東京農大卒。平成二十七年入社）。そして赤松英一である。

これまでの醸造技術陣の中で特筆を要するのが、渡辺茂だった。ワインづくりについて、古い習わしが支配的だった勝沼において先進的醸造技術の導入にいちはやく着手し、クリーンなワインづくりには工場のクリーン化が不可欠と考え、「5S運動」（清潔、清掃、整頓、整理、躾（しつけ）＝こまめに働く習慣）を工場のスローガンとして、これを職員に厳しく徹底させた。

この渡辺の教訓を守り抜き、工場の「清潔・明朗化」を具体的に実現させていったのが土橋雅純と飯嶋正夫で、この生え抜き・古参というべき二人が中央葡萄酒のワインづくりの中核として、長年奮闘してきたのである。そして、その醸造における社風・雰囲気というものが、栽培に関しても影響をもたせ続けている。

栽培クラブの構造と機能

栽培クラブが二〇〇人を越す大勢力になっているにもかかわらず、このように栽培についてのスタッフを多数配置しているのは理由がある。いうまでもなく、鳥居平に比べて三澤農場は広い。また三澤社長の「ワインはまずブドウから」という信念に基づく栽培重視が根底にある。また薬剤散布のように、どうしても社員が行なわなくてはならない作業がある。

構造的な面からみれば、栽培クラブはメンバーこそ増え、技術も向上しつつあるが、現在の能力では広大な畑の管理をカバーしきれない。こと収穫に関しては、栽培クラブの大動員がワイナリーにとって重要な役割を果たすようになった。しかし、それ以外の年間を通しての作業になると、日時と働ける人が限られてくる。

そして、率直にいうと、作業効率は決して高くない（クラブの会員が本当に真面目、一生懸命、熱心にやっていることは三澤社長も驚いているほどである。しかし働く時間が短いという関係などもあって、現時点での会員一人の平均的有効作業量は社員一人の半分にも達しないであろう）。そのため、栽培作業を完璧にやり抜くためには、どうしても社員が作業を行なわざるを得ないのである。

3

栽培クラブが発展した環境条件

――なぜ栽培クラブが発展できたか？

シャルドネの新梢をＷワイヤーに挟んで誘引していく。
Photo：ANDO

栽培クラブは生まれるべくして生まれたといえるのだが、それが成長し発展したのは話が別である。クラブをつくってみたものの、いろいろ難問が多発して挫折してしまうことは多い。栽培クラブが発展――ことに異常な大組織にまで発展――したのは会員の協力と、後述する「赤松英二」という異常な人物（キャラクター）の努力があってできたのである。

しかし、この特殊な組織が単に会員数が増えただけでなく、充実した組織になれたのはやはりそれなりの場、環境条件、そして幸運があったのである。クラブの発展状況はのちに詳しく述べるが、「なぜ発展できたのか？」という環境条件を明らかにしておかなければならない。「働く場」、つまり栽培に従事する前提になる「ブドウ畑」を中心に説明しなければならない。

1「鳥居平」でのブドウ栽培

山梨県勝沼は中世からブドウを栽培していた。その沿革については「大善寺起源」と「雨宮勘解由起源」の二つの伝説がある（コラム1）。

徳川時代になると大消費地・江戸に出荷し、繁栄を誇った。「勝沼や、馬子も葡萄を喰いながら」と俳句にされたくらいである。その勝沼町（現在は甲州市）の中心を旧甲州街道が貫いているが、その西はずれに「等々力」と呼ばれる小地区がある。塩山から南下する街道と甲州街道の交差点になるので、昔はかなり賑わった場所だが、今は車だけが街道を走る、ひっそりとしたたたずまいである。その交差点のかたわらに二階建ての木造でない建物があり、壁一面に蔦が生い茂っているが、秋になると紅葉して異彩を

コラム１ **《甲州由来伝説》**

「甲州ワイン」というと、「甲州」は山梨県の古い名称だから「山梨県産のワイン」と思い込む人が多い。そうではない。「甲州」というブドウからつくったワインである。中世から勝沼で栽培されてきたこのブドウの由来について、２つの伝説がある。

ひとつは「大善寺伝説」（僧行基説）――。勝沼村の東はずれにある大善寺の歴史は古く、現在も本堂に安置されている薬師如来像は国宝に指定されている。養老２年（718）、全国を布説してまわった僧・行基が、日川渓谷で静座修業していたところ、満願成就の日、ブドウの房を持った薬師如来が霊夢に現れた。これに感激した行基が「法薬」として村人に与えたというもの。もうひとつは「雨宮勘解由」伝説――。文治元年（1186年）、地元の農家・雨宮勘解由が石導寺のお祭りの日に「城の平」を通りかかったところ、道端に変わったヤマブドウを見つけ、これを持ち帰って栽培したところ、立派な実をみのらせたので村人に広めたというもの。後者のほうが説得力があるが、これにも異説がある。

コラム２ **《垣根仕立》**

日本でブドウ園といえば、ブドウの枝葉が地上数メートルのところに大きくひろがり、枝もたわわにブドウを実らせている光景がふつうである（ヨーロッパではこれを「パーゴラ」と呼んでいる）。しかし、ヨーロッパのワイン生産地に行くと、どこでもブドウを垣根のように整然と列をつくって育てている（昔は垣根状に仕立てないで、株から一本を選んで高く伸ばすか、株から枝を四方に伸ばすだけのものが多かった。「ブッシュ仕立」と呼んでいる）。

垣根仕立は、フィロキセラ禍（ブドウネアブラムシ）後の接ぎ木苗を育てるために普及したものだが（それ以前は枝を地中に埋めてそれが育つと母株から切り離す「取り木法」が多かった）、トラクターの普及がそれに拍車をかけた。この方法は枝の整枝や収穫が容易である。日本の棚仕立は世界でも特異なものだが（イタリアの北部山稜地帯とかスペインのリアス・バイシャス地方には残っている）、これを広めたのは「徳本」という人物だということになっている。

降雨多量、多湿な日本ではブドウを地表から離して育て、健全果が収穫できるからといわれている。しかし、剪定に熟練した技術が必要とされるし、収穫も重労働になる。樹勢の強い甲州種などはこの方法で多収穫ができるが、反面、収穫制限がむずかしい。日本でもヨーロッパの優れたブドウづくりに習って、最近はヨーロッパのワイン専用品種を使う新しいワイナリーは（ことに山梨県以外は）「垣根仕立」を導入しているところが多い。しかし、甲州種は垣根仕立が困難と考えられていた。枝葉を広く大きく伸ばさないと実がみのらないからである。

放っている。これが「中央葡萄酒株式会社」の本拠になっている。社長が三澤茂計である。

ヨーロッパに負けないワインをつくりたい

ここはブドウ栽培を始めたのが創業大正十三年という老舗だが、四代目三澤茂計（東京工業大学工学部応用化学専攻卒）が家業を継いで状況が変わった。実家は初代長太郎のころからワインづくりをしていたが、一橋大学を卒業した三代目一雄が傑出した人物で、昭和二十八年に「中央葡萄酒株式会社」を設立し、本格的ワインづくりを始めた。

一雄は地域振興のために「勝沼ワイン協会」（旧振興会）の結成に音頭を取り、初代会長になった。県の酒造組合の副会長を務め、戦後のワイン品質向上のために山梨県果実酒品評会の審査員もやった。一雄の地域振興についての執念が、四代目の茂計に引き継がれたのである。

茂計は、家業を継ぐまで東京の三菱商事で九年間働いていたが、その時代に外国へも出張した関係で、目が世界に広がった。ヨーロッパにおけるワイン産業の重要性を知って、自分がワインづくりにかかわるようになると、自分のところではヨーロッパに負けないワインをつくりたい、と切望するようになった。

平成二年、勝沼から少し離れた八代町に新たにブドウ畑を開墾する。わずか二〇アールの畑だが、勝沼では珍しい「垣根式」のブドウ栽培だった（コラム2）。当時、勝沼では三澤と並んで研究熱心だった「丸藤葡萄酒工業」の大村春夫（ボルドー大学卒）も、平成元年から外国品種の垣根仕立ての試栽培を始めていた。

ヨーロッパなみのワインをつくるとなると、どうしても原料となるブドウに「ワイン専用品種」を使い、

「垣根仕立て」で栽培しなければ無理だということに着眼した三澤は、以後、その二点の勝沼での遂行が悲願になる。

農家と「鳥居平ワインを創る会」を創設

いろいろ立地を探し求めていた三澤が手に入れたのは、柏尾山の麓の「鳥居平」の土地だった。東京から中央線で甲府に向うと、大月を過ぎ、笹子トンネルが終わって甲斐大和の駅を越すと、山合いの谷間が終わって急に目前に広い勝沼盆地の平野が拡がっている。今までの山脈の続きが終わるへりが「鳥居平」なのである。南西向きのかなりの急斜面で、京都の「大文字焼き」にならって、晩秋に鳥居型の野焼きをするのが勝沼の名物・年中行事になっている。

畑にした場所はその裾である。標高も比較的高く、礫混じりの粘土質土壌で水はけは良く、南西に傾斜していて日照も良く、ブドウ栽培に適した土地である。ただ、畑の面積はわずか六〇アール。ここに、早熟のピノ・ノワールから晩熟のカベルネ・ソーヴィニヨンまで、六種類の欧州系ブドウを二、一三三本植え、垣根仕立にした。

キャノピー・マネジメント（樹冠管理）を徹底的に行なった結果、平成十一年に初めて糖度二三・五度を上回る収穫ができた（勝沼ではだいたい二〇度くらい）。この成功に力づいた三澤は、鳥居平でブドウ栽培をしている農家に呼びかけ、棚仕立でも一文字短梢剪定を行なうなど、ワインに適するブドウを収穫できるような栽培方式をとることを呼びかけた。その結果、平成十五年十月には六軒の農家と四場のワイナリーが一緒になり、「鳥居平ワインを創る会」がスタートした。

それと並行して鳥居平の北隣りの「菱山」地区へも畑を拡げていった。中央線で甲府盆地が目の前に拡がるように見えるところ、つまり勝沼盆地の入り口の右手にあたるところが鳥居平なのだが、じつは左手少し手前に「城の平」がある。勝沼ブドウ発祥の地で（コラム参照）、現在メルシャン社がここから同社最高のカベルネ・ソーヴィニヨンを出している。

鳥居は日本の神様のシンボル

現在、勝沼の玄関にあたる「鳥居平」と「城の平」が、山梨県のトップクラスのカベルネ・ソーヴィニヨンワインを生んだというのはおもしろい。じつは、三澤が剪定にかかわる決意をした動機にちょっとしたエピソードがある。

料理研究家としてテレビやエッセイでよく知られている荻野ハンナはワイン好きで、平成九年、いちはやく『日本のワイン・ロマンチック街道』という日本ワインの紹介書を書いている。勝沼町小佐手に別荘を持ち、ワイン畑を眺める日々を楽しみにしているが、庭にかわいい石像がある。フランスはブルゴーニュ地方のワインの守護聖人「サン・ヴァンサン」である。

三澤は、荻野に教えられてこの守護聖人のことを知り、のちに栄誉ある「シュヴァリエ・タートヴァン」のメンバー資格をいただくことになる。当時はサンヴァンサンについて詳しいことを知らなかったが、「鳥居」は日本の神様のシンボルである。外国品種を植えても、外国のワイン守護聖人と同じように、日本の神様はきっと守ってくれるだろう、という思い入れがあったのである。

❷「明野農場」の開発

日本で世界的レベルのワインをつくる、という三澤の切望を酒神バッカス様が聞きとってくださったのか、天の恵みとしか考えられない幸運が二つ続いた。ひとつは「明野農場」の開発であり、ひとつは「明野ワイナリー」の買収である。

甲府駅からJR中央線で行くと、左側に南アルプスの鳳凰三山が見えてくるが、右側は甲府と八ヶ岳連峰のちょうど中間あたりに「茅ヶ岳」の孤峰がある。標高一七〇四メートルで、JR韮崎駅の右側正面に見える。この山の奥手に昇仙峡とサントリーの「登美の丘ワイナリー」がある。

この山の西斜面には、なだらかで広大な傾斜地が拡がっている。斜面のほぼ中央あたりに県営の「フラワーセンター」があったが、現在はひまわりで有名な「ハイジの村」になっている。このあたりの斜面一帯は山梨県が開発した、いわゆる建て売り農業地区（県が開発造成して希望者の使い良いように整地したうえで貸し出す）に指定されている。そのなかの、ハイジの村の少し西手の土地を三澤が借りることができたのだ。

県の呼びかけは勝沼のワイン生産者たちにもあったが、借りる面積が広く、生産コストのことを考えると、ここに進出しようとする者はいなかった。なにしろ、勝沼からかなり離れていて、車で一時間もかかる。三澤は将来を考えて、上級ワイン指向するかぎりこの機会は逃せない、と社運を賭して進出することを決断した。

進出が決まると、「三澤さんは勝沼から逃げる気か」と冷やかす人もいたが、三澤は「ぼくのハートは勝沼にあって勝沼を忘れることはない。ただ勝沼では今のところ畑を拡げられないからだ」と答え返した。

もし、この広大な自社畑の開発という決断がなければ、「グレイス栽培クラブ」が発足したとしても、今日のような大人数の組織にはならなかったであろう。逆にいえば、広大なブドウ畑の良い管理と維持には多大な人手を必要とする。人を雇うことはできるが、人件費が増大し、それがワインのコストにはね返ってくる。ワイナリー側としても、クラブの結成は運がよかったのである。

上級ワインづくりの好条件を備えた「明野」

借りた面積は、全体で一二ヘクタール。北海道ワインの「鶴沼ヴィンヤード」（二〇〇ヘクタール）と、サントリーの「登美の丘」ワイナリー（一五〇ヘクタール）を別にすれば、日本でこれだけのブドウ畑はない。ただ現在では、メルシャン社が長野県千曲川沿いの丘に「マリコ・ヴィンヤード」（約二〇ヘクタール）を開発したから、この四つが日本の四大ヴィンヤードになる。

日本では戦後、農地解放と農地法の制定のため、原則として法人が畑を所有できない。サントリー社が登美の丘を持っているのは戦前に購入したからである。メルシャンの「マリコ・ヴィンヤード」では、数軒の農家に「農業法人」を結成してもらい、それから借りるという工夫をした。

この場所は、広大な斜面の明野村にある（そのため初めは「明野農場」と呼んだ）。裾野にある畑を俯瞰（ふかん）する「茅ヶ岳」を背にして、正面に南アルプス連峰の甲斐駒ケ岳や鳳凰三山、右手に八ヶ岳連峰、左手に富士山を遠望できる壮大な空間にある。

標高六八〇から七〇〇メートル。目の前に見える鳳凰三山と甲斐駒ケ岳の巨峰を背景にした垣根仕立のブドウ畑の展望はまさに風光明媚、冬には雪をいただき、スイスにも似た日本離れした光景である。日照

コラム３ **《甲州のルーツ》**

世界のブドウは大別して「ヴィティス・ヴィニフェラ種」（ワイン用ブドウ）と「ヴィティス・ラブルスカ種」（アメリカ種・生食用が多い）とに大別される。専門家がいろいろ研究して、どうも「甲州」はヴィティス・ヴィニフェラに属するのではないかと考えられるようになった。

これに決定打を打ったのは、広島の酒類総合研究所（以前の大蔵省の滝野川醸造試験所が移転）の後藤奈美技官で、ＤＮＡの研究でヴィティス・ヴィニフェラ系であることを突き止めた。さらに研究を重ねて、起源はヴィティス･ヴィニフェラだが、野生種との交雑種であることを明らかにした。ただ、それがどのように伝わって、日本のしかも勝沼の山中で育てられるようになったかというルーツはいまだに不明である。

ちなみに、長野県で昔から栽培されてきた「善光寺種」は、多くの研究者によって、漢時代に長騫が西域から多くの文物をもたらした中にブドウがあり、そのうちの一つの「龍眼種」がルーツであることが解明されている。

「甲州」は通常農家によって「棚式」で栽培されている。
Photo：ANDO

時間が日本一、平均六％の傾斜、褐色土石混じりの重粘土の土質――、上級ワインづくりの好条件を備えている。

「甲州」ブドウの栽培を決断

ここでの本格的植栽は、平成十四年四月にスタートした。植えたのは今まで実績があるメルロ、カベルネ・ソーヴィニヨン、カベルネ・フラン、プティ・ヴェルド、ピノ・ノワール、シャルドネに限った。

じつは、三澤のもうひとつの執念は「甲州」ブドウにあった。勝沼原産といえるこのブドウは（コラム3）、長年日本の風土で育ったものだから栽培が容易で、耐病性があり、かなりの量産種で、しかも食用にも向く。とコラムころがこれをワインにすると、どうもうまくいかない。このブドウから優れたワインができれば、日本原産として世界に誇れるものになる。そのため勝沼の生産者の多くの努力の積み重ねがあって、最近では酒質がとみに向上、世界的レベルに達するものが生まれるようになった。

しかし「秀逸」と呼ばれるワインに仕上げるにはどうももう一息というところがある。三澤はその壁が「棚仕立」にあると考えた。甲州ブドウは樹勢が強く、棚仕立にすると枝を大きく広げ、じつに多くの房をつける（一本の木に二〇〇房以上つけるのは稀でない）。

この樹勢と多収穫を制限するために枝を切りつめると、果実をつけなくなる。そのため、甲州の垣根仕立は不可能と考えられてきた。

このタブーに挑戦するため、三澤はこの「明野農場」で甲州を垣根仕立で育てる決断をした。全体で一二ヘクタールある畑のうち、四ヘクタールに「甲州」を植え、シャルドネの一部を引き抜いてまで甲州畑を拡げた。仕立は垣根仕立だが、太い主枝を幹から左右に長く伸ばす「ダブル・ギヨ及びコルドン仕立」である。それ以前に棚仕立だが「一文字短梢」と呼ばれる実験的な栽培をしてきたが、いわばその転用版である。なお、南アフリカ・ステレンボッシュ大学のハンター教授のアドバイスによる、「高畝栽培」（六〇センチメートルの高さの畝を畑に作り、そこにブドウを植える）も併用している。

平成十七年から始めた垣根仕立の「甲州」はすくすくと育った。剪定と樹冠管理（キャノピー・マネジメント）、緑果切除（グリーン・ハーベスト）、果房周辺の除葉をしっかり行なっている。この畑を収穫期になって見た人は、おそらく驚かされるだろう。ブドウの木の根元近くに、すでに色の付いたブドウの実が数多く捨てられているのだ。これは自然に落ちたものでなく、徹底した収穫制限を行なうためである。

現在、世界のどこでも、上級ワインを出すワイナリーは厳しく「選果」することが鉄則になっている。そのため、ワイナリーには長い選果台を設け、ワイナリーに運ばれてきたブドウの房を選果台のベルトの上に並べ、ベルトで送られてくるブドウの房をベルトの両側に並んだ数人が「不良果」を見て拾って捨てている。しかし、ミサワワイナリーは摘房後でなく、畑で収穫する際、ブドウをよく見て成熟不良とか何かの理由で健全と思われない房の部分を切って捨てているのだ。こんなことはどこでもできるものでない。

それでなくとも収穫期は忙しい。猫の手を借りたいぐらいである（ボルドーの有名なペトリュスなどは多くの収穫人を雇い、早朝からかかって一日で全収穫をすませてしまう）。そうした時に、摘み取る房を注意深く観察し、不良果を「摘除」するという作業を行なうには、かなり熟練した摘み取り人が大勢いなければできない。「栽培クラブ」がまさにこの時にもその威力を発揮する。

甲州ワインの新たな活路

ここの甲州の垣根畑では、果房が棚仕立のもののように肥大しない。バラ房（果粒相互が密接にくっつかないので風通しがよく、病気に冒されにくい）、そして果粒は小粒である。

じつは、これがワインづくりにおいては重要である。生食用ブドウに見慣れている日本人は、マスカット・アレキサンドリアや巨峰のように大きな果粒に感心する。しかし、ワインの場合は話が別で、大粒のブドウから優れたワインは生まれない。ボルドーの有名なワインを生むカベルネ・ソーヴィニヨンは小粒である（だいたい直径一センチから一・五センチ）。

これは果肉に対して、果皮の比率が高いことを意味する。小粒なブドウを圧搾して果汁を取ったときに、ワインの味覚を形成するポリフェノール類（タンニンや色素）は果汁に含まれているからそうした成分が多くなる。

植えてから四年目、樹勢がしっかりしてきたブドウの木に実ったブドウで仕込んだ平成二十五年のワインは、三澤の期待を裏切らないものだった。垣根仕立のブドウからつくった甲州ワインは棚仕立のものとはっきり違いが出てきた。三澤の熱い思い入れと、多かったハンディや心配を負った甲州の垣根仕立の栽培法は、どうやら甲州ワインに新しい活路を見いだしたようである。

3「明野ワイナリー」の取得――「ミサワワイナリー」の誕生

もうひとつの画期的な事態は、ワインを醸造する設備をもった「ワイナリー」の買収である。中央葡萄酒は三澤の決断で明野村に広大なブドウ畑を手に入れたが、資金の関係もあって醸造所までは手がまわらなかった。明野で収穫したブドウをはるばる勝沼の等々力にある本社の醸造所まで運ばないとワインはできない。収穫したブドウを長距離運搬するのは大量の場合容易なことでないし、ていねいに扱っても、どうしても果粒に痛みが出る。上級ワインづくりにはこれが大ネックだった。

じつは、以前から明野村に「明野ワイナリー」があった。「ハイジの村」の少し東側にあり、中央葡萄酒が手に入れた新畑とは遠くない。このワイナリーは灘の日本酒の名門「多聞」が、ワイン業界に進出するため新設したものだった。巨資を投じて建てただけあって、規模こそ大きくはないが、近代的醸造設備がコンパクトに完備している。しかし、多聞酒造自体が経営不振で会社更生法の適用を受け、企業整理のためにワイナリーが売りに出たのである。

多聞酒造の社長の要請で、「中央葡萄酒が買わないか」という話が飛び込んできた。これには、いろいろな事態が発生して紆余曲折があったが、結局「中央葡萄酒」が買い取ることができた。平成十七年四月から稼働がスタートした。まさに〝鬼に金棒的〟な幸運だった(敷地が八七〇〇坪)。この新設ワイナリーはいうまでもなく中央葡萄酒が所有だが、本社と区別するため「ミサワワイナリー」と命名した。

ミサワワイナリーの開所にあたって、農場長になった赤松の盟友であり、中央葡萄酒への入社を誘った酒井正弘が初代所長に任命された。酒井は赤松が良き働く場を持つようになったことを喜んだが、自分もともに重責を果たすべく、八面六臂の大奮闘をした。

酒造免許の取得、老化した醸造設備の入れ替え（ことにボトルライン）、放置されていてなかば原野化した構内と庭の掃除と樹木の手入れ、新製品販売の宣伝活動、訪問客増加のための路線バスの停車と売店の刷新、地元との共生をはかるための明野町町民が参加する収穫祭などなど……。

ワインづくりは何といっても「土地」と「人」である。畑があり、醸造設備ができたところに、フランスのボルドー大学とブルゴーニュのディジョン大学でワインづくりの修業をして、国家醸造士の資格まで取った三澤茂計の娘の「彩奈」が日本に帰ってきたのである。以後、彩奈の活動はめざましく、ミサワワイナリーの品質が優れているのは「彩奈の技術のため」と評する人が多い。

規模が大きくなったとはいえ、中央葡萄酒は家族経営の良さは残している。ミサワワイナリーに食堂があるが、開所時には三澤礼子夫人が経営にあたった。そうした雰囲気が会員たちに親和感をもたらし、共にこのワイナリーのために働くことに違和感をもたらさなかったのである。

4

栽培クラブを育てた男

——組織を支える精神

作業前、テントの下で赤松の説明を聞く会員たち。
Photo：ANDO

必要だった優れたオルガナイザー

一年を通じて行なわれるブドウ栽培の作業は、収穫後の晩秋の予備剪定から始まって、待望の収穫と多種多様で、ひとつとして同じ作業はない。

他方、栽培作業にあたるクラブの人びとは、学者・医師・銀行や商社、出版社、ＩＴ関係の技師職など、職業も多種多様なら（インテリが多い）、老若男女（夫婦が多い）、近隣居住者から千葉やその他遠隔地居住者（東京が多い）まで、じつにさまざまである。のんびりした人もいればせっかちな人がいるし、教えられたことに飲み込みの早い人もいれば、なかなか覚えられない不器用な人もいる。

これらの人びとを作業可能日程とブドウ栽培作業のローテーションとを多過ぎず少な過ぎず調整して組み合わせるというのは容易なことでない。会員が一〇名から二〇名くらいまでは何とかさばいていけるだろうが、一〇〇人を越すとなると話は別である。勝手にわがままをいう人がいるかもしれない。遅刻者も出るし、病欠もある。からだの弱い人が作業の途中で具合が悪くなるし、何かの事故でケガ人が出るということもありうる。そうした多様な人たちと多種の作業をうまく組み合わせるのは、神経質に考えたら気の遠くなりそうな仕事である。イヤだからといって放り出すわけにはいかない。いうまでもなく、忍耐力が必要になる。

要するに、こうした集団の形成、そして維持には人心収攬に長けた優れたオルガナイザーが中心になることが必要になる。そして忍耐に耐えるには、自分のやっていることが正しいという信念と、タフな情熱が必要なのである。

中核的存在の出現

グレイス栽培クラブの発展は、そうした優れたオルガナイザーに恵まれたことである。

赤松英一――。この人物なくて今日の栽培クラブはなかったであろう。そして赤松を信じて、このことを一切まかせて口出しをしない経営者がいた。いうまでもなく三澤一雄・茂計の親子である。

じつは、赤松は京都大学時代、全学連の闘士で、京大闘争の最先頭に立っていた。平成五年、こうした闘争をこれ以上続けることに「意味がない」と決意し、運動を離脱する。新しい人生を求めて青森の名門製菓屋「翁屋」で二年間働くうちに、たまたま「良い食品をつくる会」で、全学連時代の同志で中央葡萄酒の企画室長になっていた酒井正弘に会い、酒井の誘いで中央葡萄酒に入社することができた。

じつは、これについて隠されていた実話がある。酒井が入社したことを知った公安警察が当時の社長、三澤一雄を数回訪れ、「要注意人物だから」としつこく解雇するよう要請した。これに対し一雄は、「おれが見込んで雇ったのだから警察に口出しされる必要はない」と断り続けたのである。一雄が逝去し、茂計が社長になったときにも同じことが繰り返された。しかし、茂計は「父が選んで決めたから私も同じ」という態度を取り続けたのである。

赤松についていえば、三澤は赤松の入社希望を酒井から聞き、雇用主の了解を得るため青森にまで行った。その雇い主の齋藤巳千郎がいった。

「赤松君はダイヤモンドの原石です。畑で磨けば輝くでしょう」

このひと言で三澤は赤松の採用を決めたのである。こうして赤松は、平成八年四月、四十九歳にしてまったく縁のない「ブドウ栽培」という農業に取り組んだのである。茂計社長の指示、先輩社員や地元農家に教わり、ブドウ栽培のノウハウを身に付けていった。

当時、日本ではワイン醸造用技術、そして生食用ブドウ栽培技術は世界に類を見ない高水準に達していたが、ワイン醸造用のブドウ栽培についての教科書や参考書は皆無であった（海外版の学術書があったが赤松のような素人の手に入らなかった）。その後、勝沼ワイナリーズクラブを含めて山梨県のワイン業界が中心となり、リチャード・スマート博士を代表とするニュー・ワールドの栽培理論家たちを招聘したので、彼らから直接学ぶことができるようになったのである。

平成九年、日本のワイン・ブドウ学会の親団体である「ＡＳＥＶ」（American Society of Enology & Viticulture）のサン・ディエゴ大会に、三澤は入社したばかりの赤松をオブザーバーとして参加させている。社員のスキルを高めるために、海外研修に積極的な三澤の経営姿勢の表れである。大手は別として、中小ワイナリーでなかなかできることではない。その機に「ジェネラル・ヴィティカルチャー」の原書を買い込んだ。チャンスさえあればいとも簡単に海外派遣をさせる気質が「中央葡萄酒」にはあふれており、醸造用ブドウ栽培への進取性がみなぎっていた。

赤松が入社した時は、これも偶然にも「鳥居平農園」の開設の年だった。さらに、前述のように「明野農場」を中央葡萄酒が手に入れ、それを開発するようになると、赤松が栽培責任者に任命された。ブドウ畑の管理をする以上、朝から晩まで畑を観察しなければならないと考え、畑の横に小さなログハウスを建て、住みつくようになった。

鳥居平と違って明野農場は広大である。いうまでもなく、多くの人手を必要とする。そのことがすでにできていた「栽培クラブ」をさらに拡大させていこうという路線につながったのである。虚脱の中から「第二の人生」を与えてくれた三澤家に対する恩義、それに報いるために中央葡萄酒に役立ちたいという思い入れ、そうしたことが赤松の栽培クラブへの打ちこみへの原動力になっていったのである。「栽培クラブ」の中核的存在になっている赤松の人生はまさに、バッカスがシナリオを書いた壮大な人間劇、ドラマのようである。

栄光をかちとった人々の力とその精神

平成二十六年、中央葡萄酒の「キュヴェ三澤明野甲州二〇一三」は世界で最も有名な英国のワイン誌『デカンター』のコンクールで金賞をかちとった。その翌年の平成二十七年には契約栽培のブドウであったが、「グレイス甲州二〇一四」が続けて金賞となった。日本の国産ワインが、ようやく世界のトップレベルのワインに達したことのひとつの象徴である。

もちろん、これには三澤彩奈をはじめとする醸造陣の技術の努力があってこそ、この壮挙をなし得たのである。また農場長の潮上史生をはじめとする、多くの社員の働きは忘れられてはならない。また三澤社長の「自社畑こそが秀逸なワインをつくる」という信念がその基礎にある。これらの受賞は、優れたワインは「自然への畏敬とブドウへの愛情」が生むという、世界的な理念が日本でも実証されたといえるのであろう。

しかし、「グレイス栽培クラブ」の存在なくしてこの成功が勝ち得たであろうか?

もちろん中央葡萄酒は多くの作業員を雇うことはできたであろう。しかし、広大なミサワワイナリーのブドウ畑で、丹念にブドウ栽培の作業を従業員だけで行なうとしたらおびただしい人件費を必要として、会社の経営を圧迫するかワインを非常に高い値段で売らなければならなかったであろう。そうした作業員が全員短期間で熟練した技術を身に付けるかどうか、金で雇われた人が本当にブドウ栽培に愛情を持ってくれたかどうかも未知だった。そうした意味で、「大人数」を擁した栽培クラブの存在と活動は高く評価されなければならないし、クラブの会員は誇りをもっていい。

　ここでも再び強調してよいのは、ユーゴーが喝破したように「神は人間を造った。人間はワインを造った」なのである。そうした集団をまとめあげた赤松英一の存在は、日本のワイン史に痕跡を残すであろう。三Kといわれる農作業を嫌った若者の「農村離れ」は、山梨県でも例外でない。「空畑」が多出する山梨県の現状を憂慮した横内前知事は、グレイス栽培クラブのことを知って、「同じようなことができないか」と県事業として取り組もうとしている。

　しかし、必ずしも軌道に乗っているとはいえないようである。最大の難点は就労希望者を県の力で都市から集めることはできても、それを多くの農家に割り振り、総括していくことのむずかしさにある。ここでも信念を持った、優れたコーディネーターが必要なのである。人を動かすのは、ワインを単なる商品でないと考える思想が必要なのである。

　今の日本は金権亡者、利己主義者（エゴイスト）の巣になったような観があり、お金を儲けることだけを人生の目的にした人が横行闊歩している。その人たちの精神生活がいかに空虚なものであるか――。あえていうまでもないだろう。東日本大震災で被害を蒙ったところに、多くのボランティアが復興事業に参加した。そうした人たちは、必ずやお金では得られない、何か人生に資するものを得るところがあったはずである。ミサ

ワ栽培クラブとは、「人は金のみに生きるものでなく、人はひとりでは生きられない」という、昔からの
人生訓が活躍の場を見いだした場所のようになっている。

5 グレイス栽培クラブの将来展望

――これから期待されることは

ブドウの果房を雨から守るシート。R.Smart博士と協力して、中央葡萄酒が独自に開発した。
Photo：ANDO

栽培技術のレベルアップ

これだけの組織が順調に発展し、さしたるトラブルもなしに健全に運営され、組織の存在意義を誇れるようになったということは大したものである。参加された会員の方々も、それぞれ想いは一様でないものの、会員活動に喜びを持たれているはずである。

ただ、どのような組織でも将来のことは考えなければならない。夢や希望、そして将来展望をもたない組織はいつか停滞し、あるいは行きづまりに直面することになるであろう。そうした展望は本来組織自体で考えていくものであろう。ただ組織外からも、言葉を変えていえば、主観的でなく客観的に展望を、かつ期待したいことを述べることも許されてよいであろう。

そうした観点から栽培クラブの現状を直視し、会員はいま、何を考えねばならないか?

自分たちはこれから何をしたらよいかという問題提起をすることを許していただきたい。

結論をいえば簡単である。個々の会員の栽培技術のレベルアップをすることである。それが会の発展にもつながるし、個々の会員にとっても得ることがあるであろう。

栽培クラブの会員の中で一度たりとも欠席をされなかった方がおられた。学校や会社の皆勤賞とは違うが、人生にはいろいろな思いもかけない出来事に遭遇することがつきものである。たとえば、自分および家族の病気とか事故とか……。そうした状況のなかで、できそうでできないのが「無欠勤」である。無欠勤ということは精神の緊張感があって成しうることで、そのことは技術の熟練度に結びつく。

また会員の栽培技術の向上・熟練は中央葡萄酒側も期待するところである。栽培のためのワイン醸造を知り、世界に立ち向かうワインづくりの一齣を感じてもらうための一週間単位の収穫期研修（収穫と醸造の仕込み過程）がある。こちらは社員と同等の勤務になるので相当厳しい。すでにワイン研修を受けた方が九名おられることを歓迎しているし、希望者にオープンカレッジに参加してもらう方法なども特別枠を設けて優遇している。

栽培の異なるワイン用ブドウと生食用ブドウ

そうした状況下である印象的な事件が発生した。それはあるテスティング会のことである。鳥居平のワインをテスティングしている中で、あるワインについての論評をしている際、醸造側の三澤彩奈が「こうしたブドウは醸造側としては使いたくない」という趣旨の発言をし、会員側が当惑したそうである。会員側としては、赤松を通して会社の指示に従い、一生懸命栽培にあたったブドウからつくったワインが賞賛されなかったのは意外だったのであろう。

じつは、これには背景がある。栽培クラブが発足した当時、山梨全体のワイン用ブドウの品質のレベルは必ずしも褒められるようなものでなかった。ところが、この一〇年間の間に山梨のブドウ全般のレベルがかなり向上してきているのである。そうしたなかで、グレイスワインとその原料になったブドウの品質のレベルを「さらに良いものにしたい、良いものでなければ世界に負けてしまう」という、強い思いが三澤彩奈にあった。

これはかなり説明がむずかしい問題なのだが（ブドウにはさまざまな含有成分の問題があるので）、醸造側が期待するブドウの品質が必ずしも栽培側が考えるブドウの品質とが一致しない場合がある。過去数年にわたり、南半球の何カ所もの名門ワイナリーでアシスタントワインメーカーとしてヴィンテージをしてきた三澤彩奈にすれば「あたり前」のことである。

ブドウの熟成ひとつをとってもその解釈が異なる。「このような栽培の仕方をすると、それを使ったワインはこのようなものになる」とか「このような栽培をしたブドウはワインにした場合、こうした欠陥が出る」という見通しを持てるブドウ栽培家がいるなら理想的である。少なくとも、率直にいうとかなりいろいろなワインを飲んでなければならない。だから醸造技師が栽培を含めてすべての責任を負うのである。

栽培クラブの多くの会員にそうしたことを期待するのは無理というものである。しかし志向としては、ワイン用ブドウを栽培する以上、自分のやっている方法がワインにどのような影響を与えるかということを常日ごろ考えるということも大切だといえないことはない。

そうした意味で、ワイン用ブドウの栽培は生食用ブドウの栽培と基本的に違うのである。そうした問題についての考えを高度にまで突き止めるということは無理としても、少なくとも、スタンスとしては考える方向へ自分を置いてみるということは必要でないだろうか。その志向性がワインの知識と好奇心を高めることになるし、「やりがい」のある人生の路線を見つけることにつながることにもなろう。そして労働というものの奥の深さを痛感するはずである。

栽培クラブが今日のようなしっかりした組織にまで成長したのは、これを引率・指導して来た赤松がいたからである。しかし、それだけにいつか赤松が引退するようになった時、その偉業を引き継ぐ者がいなければならない。何事も新事業を立ち上げた者は、良き後継者を育て上げる責任がある。幸い、現在社員の小島充義がその重責を負うべく準備中である。

6 グレイス栽培クラブの発展のプロセスとその運営

極寒期の剪定は厳しく、難しく、最もやりがいのある作業だ。
Photo：ANDO

これだけの栽培クラブができたのは、ひと月や半年でなく、やはりそう長くないといっても一〇年近くの歳月がかかっている。そして、その発展にもいくつかの段階というものがあった。こうしたクラブに関心を持つ人、あるいは同じような会をつくってみたいと考える人のために、クラブ発展のプロセスを時系列で説明し、あわせて運営の方法などを紹介しておこう。

1 創生期――第一期（平成十九年）

前述したようないきさつから「グレイス栽培クラブ」が誕生し、その作業の実施が次のように始まった。五月十二、十三日の「芽欠き」から始めて、九月二日までの九回の作業日に新梢の誘引、摘芯、房周りの副梢除去、摘房、果房の手入れなどの作業を行なった。九月九日にメルロを二・三トン、十月六日にカベルネ・ソーヴィニヨン、カベルネ・フラン、プティ・ヴェルドを一・七トン収穫した。

そして、十二月九日、二月一日、十一日、十六日に剪定、二月二十三日に剪定枝のチップ化と施肥、三月十六日に結果母枝の誘引を行なって、一年間の作業を完了させた。この間、一九日の作業日に、のべ五四一人が参加。一日あたりの平均は二八人となる。

この過程で、九月二十三日に明野のミサワワイナリーで開催された「第二十五回グレイスワイン収穫祭」に三二人のメンバーが栽培クラブとしてまとまって参加した。終了後、「明野ふれあいの里」という家族キャンプ村でバーベキュー・パーティーを行なったことは、会員の親睦と結束を固めるうえで、きわめて大きな役割を果たした。

作業日では、作業にかかわる会話しかできなかった会員が、全員自己紹介をして、親しくなるきっかけをつかんだ。また、日頃は栽培理論の講義と作業の指示をするだけで、取っつきにくいと思われていた赤松が、ワインが入ると明るく饒舌になった。

この日は昼間は好天だったが、夕方に激しい雨が降り出した。バーベキュー会場はテントの下に設営されていたが、参加者の背中がずぶ濡れになる一幕もあった。

だが、この日は「豪雨のバーベキュー大会」として栽培クラブの歴史に残る伝説となった。最後の焼きそばつくりに名乗りを上げた小久保が、その道のプロとして認識されるようになったのもこの時だった。赤坂で『まるしげ夢葉家』(太田和彦著『居酒屋百名山』にも登場する超人気の居酒屋)を経営する小久保は、その後も収穫感謝祭での料理に腕を振るっているし、『まるしげ』は毎年の忘年会の会場にもなっている。

二月二十三日には、作業終了後に勝沼ぶどうの丘の会議室で、第一期の「修了式」を行なった。終了後、宴会場で懇親会を開催した。

メンバーはこの修了式に向けて、記念品としてロゴ入りのTシャツを作成した。

❷ 揺籃期――第二期(平成二〇年)

平成二〇年五月には「第二期」が発足した。一期から四五人が継続的に参加し、この時にはすでに新たな参加者六五人と合わせ、会員は一〇〇名を突破していたのである(作業日は年間二五日で、平均三五人が参加)。

二期で画期的だったことは、会員の親睦と相互交流のためのメディアとして、mixiのコミュニティを開設したことである。これは会員・煎本の発案で、本人が管理人になり、任意参加で自発的にスタートさせたものだった。これが会の運営上非常に有効なことがわかったので、三期からは赤松が交代した。

六月十四日に「新会員歓迎懇親会」を開催したが、それと同時に栃木県足利市にある「ココ・ファーム・ワイナリー」へ訪問した。これは、第一期修了式後の懇親会で、日本ワイン全体の動向にからんで他のワイナリーのことがいろいろと話題になったときに、赤松がココ・ファームの農場長の越智真知子、醸造担当取締役のブルース・ガットラヴ、栽培担当の曽我貴彦などと親しいことを話したのがきっかけだった。「一緒に連れて行ってほしい」という要望が出て、みんなで見学に行こうという話になった。二期が発足して、新会員との「懇親会をやりたい」という声が高かったので、二つを結びつけることになった。

「ココ・ファーム」は日本でも異色のワイナリーである。障害者施設の「こころみ学園」を母体してできたワイナリーで、園生が作業の主体となり、独特の哲学で運営されている。また、アメリカ人のブルース・ガットラヴが醸造責任者になって以降、栽培と醸造の両面でいくつも斬新な取り組みを成功させ、ワインの品質を飛躍的に向上させてきた。会社内からは「大切な顧客を他社に連れて行くのはおかしいのではないか」という批判の声も出たが、三澤社長が許容して実現した。

ココ・ファームの農場や醸造場を見学し（八二人が参加）、栽培・醸造のスタッフと交流したのち、懇親会を開催した。この訪問が、会員がブドウ栽培とワインづくりへの関心と問題意識を深める大きな刺激となって、他社の訪問が結果的に、会員が栽培クラブの活動への熱意を高める契機になった。

二期からは、担当する鳥居平農場だけでなく、中央葡萄酒の他の農場をも手伝う機会も多くなった。明野農場では、防鳥ネット張りなど人海戦術で有効な作業を手伝ったほか、収穫応援にも二度赴いた。

十一月九日には、三澤社長と会員の意見交換会を開催した。三澤からは、会員がお互いに楽しく活動をすること自体に意義がある面と、高品質なブドウを育てるために栽培のスキルを上げていく意義と、「どちらにウェイトをおくか」という問題提起もなされた。会社としては、作業参加回数やスキルアップの成果に対して「何らかの優遇や資格等で報いる用意がある」という話もあった。

しかし、会員のほうはワインの品質を上げるために、栽培技術の改善を真剣に追求する意欲は全員が持っていた。たしかに、会員のなかで実際の参加の頻度や熱意に差があるのも事実だった。それを知ったうえで、会員のほとんどが、会員間に序列や区別を設けることには拒否感を示した。これには赤松が感動した。そこで「制度的な区別は設けない」という合意のうえで、より積極的な意欲に対して応える指導方針をつくり上げていくことになった。

一月二十四日には、前年第一期で収穫したブドウからつくったワインの「テスティング会」を開催した。まだ樽に入っている状態のメルロとカベルネ・ソーヴィニヨン等のワインを味わうと同時に、明野農場の同年のワインと飲み比べた。製品化への参考にするためである。結果は、鳥居平産のワインは一般商品化しないことになり、一期会員への「記念ワイン」としてブレンドものを一本プレゼントすることになった。ただ希望者にはメルロとカベルネ等のワインを一本二五〇〇円で特別頒布することになった。ラベルは少量本数用のデザインを使用し、「GRACE RUGE TORIIBIRA 2007」と名付けられ、この年の四月に配布、販売された。

3 基礎形成期——第三期（平成二十一年）

鳥居平農園での作業量と、赤松ひとりが掌握・指導できる能力の両面から、会員の適正人数を一〇〇名程度と判断した。平成二十一年五月の第三期発足に当たっては、新規メンバーを二五人限定で募集し、志望動機について申告してもらうなど、ハードルを設けた。それでも三三人（同伴家族含め五三人）が応募し、継続メンバーを含め一二一人の会員となった。作業日は年間二五日で、平均四二人が参加し、収穫はメルロが一・四トン、カベルネ等が一・四トンであった。

さらに、この時期から山梨県在住者を中心に、新しく開場された明野農場の作業につくために「グレイス栽培クラブ明野班」が発足し、年間で一九日の作業日に平均五人が参加した。

この年の活動では、作業日における「班編成」と「班長」制度の導入が行なわれた。これは外部の者の目から見ると何でもないように思われるかもしれないが、実務では非常に重要で、栽培クラブの技術能力が向上するうえでの決定的なものになった。

多人数の素人集団では、個々の会員の栽培能力にバラつきが生じるのは避けられない。それを是正するのが、熟練班長が責任をもって班員の技術指導にあたることだった。会員総数、各作業日の参加者が多くなり、赤松だけの指導では全員に注意が行き届かないし、作業効率も悪くなる。一方、過去二年の活動で、熱心な会員は作業の方針・要領をかなり理解できるようになった。

そこで最初に赤松が全体の説明をしたあとは、参加者をいくつかの班に分け、班ごとに各畝を担当して、班長が各班員を指導していく体制にした。班長の個性によって、作業の進め方や指導内容に差があるなど問題点もないわけではなかったが、メンバーの自主性を高めていく上では大きな効果があった。

4 発展期――第四期から第九期まで（平成二十二年〜平成二十七年）

平成二十二年になると、継続希望者だけで一〇〇人近くにもなったので、四期には新会員の募集をしないことにした。一方、栽培クラブの活動が注目されるようになり、参加希望が相次いだので、新たに明野農場を舞台とする「グレイス明野栽培クラブ」を発足させることにした。これにともない、従来のグレイス栽培クラブは「グレイス鳥居平栽培クラブ」に名称変更し、両者を合わせた全体が「グレイス栽培クラブ」ということになった。これ以降現在まで、鳥居平栽培クラブのほうは継続会員だけで構成されている。

会員数は、第四期の九六人を起点に、第五期八九人、第六期八三人、第七期と第八期はともに七三人、第九期は六九人と推移している。仕事上の理由や家庭や健康の問題で退会・休会した人もいるが、基本的には同じメンバーが定着し、六年間活動を続けてきたといえる。

この間の大きな変化は、担当する「圃場」および「品種」の変更だった。

鳥居平農園は、平成八年から平成十二年にかけて、順次拡張された隣接する四つの圃場からなり、当初は欧州系の赤ワイン用五品種（メルロ、カベルネ・ソーヴィニヨン、カベルネ・フラン、プティ・ヴェルド、ピノ・ノワール）と白ワイン用のシャルドネを栽培していた。その後、シャルドネとピノ・ノワールの栽培を止める一方、山梨県果樹試験場が交配育種したビジュ・ノワールなどを試験的に植え付けていた。

平成二十二年以降の変化は、一つには、メルロを栽培していた第二農園を地主の意向で返却したこと。

二つには、品質があまり良くなかった第四農園のカベルネ・ソーヴィニヨンを伐採し、跡地の半分で甲州一文字栽培に取り組み、半分を駐車場にしたこと。三つには、第三農園に植えられていたカベルネ・フランやビジュ・ノワールを緑枝接ぎによってカベルネ・ソーヴィニヨンとメルロに品種転換したことなどである。

これらの変更によって、担当圃場の面積と作業量は減少し、第七期ではほとんどの作業日が午前中だけで作業を終えるようになった。そこで、平成二十六年から鳥居平から車で五分ほど山中に入った、深沢地区にある「甲州」の圃場をも担当することにした。園主の高齢化によって、耕作が維持できなくなった畑を栽培クラブで維持・管理することにしたのである。

作業の進め方の面では、班編成をそれまでのように五十音順の名簿順にするのではなく、毎回ランダムにした。また、希望する人には、夫婦でも別々の班になるようにした。全員が経験者であることに踏まえ、一緒に作業するメンバーの固定化を防ぎ、会員間の懇親をより深めるためである。

さらに作業が遅れているときや、天候の関係でブドウの病気が出て手入れが必要になったときに、赤松が参加しない会員だけの「自主作業日」や、勤めを持っていない人による「平日作業日」が設けられた。

メンバーの自発的な活動という面では、平成二十二年十一月の「ソーヴィニヨン・ブランを楽しむ会」、平成二十四年七月の「フランスＡＯＣチーズマップお披露目パーティー」、平成二十五年八月の「鳥居平ルージュ垂直テイスティングパーティ」などが特筆される。

東京・銀座のラウンジファロ資生堂で開催された「ソーヴィニヨン・ブランを楽しむ会」はこの年の七月に「グレイス　ソーヴィニヨン・ブラン二〇〇九」がリリースされたことに端を発する。八月に発行された『日本のワイナリーに行こう二〇一一』（イカロス出版）で「日本でもっと！　ソーヴィニヨン・ブラン！」という小特集が組まれたこともあり、一人一本限定で発売されたグレイス・ソーヴィニヨン・ブランを購入した人数人に提供してもらい、日本および世界のものと飲み比べることにした。

この時からは、会場探しやワインの調達、当日の準備や運営など、すべて会員たちが自主的に行なうようになった。当日は、六〇人が参加し、日本七種（グレイス、メルシャン、リュード・ヴァン、サントリー、マンズ、シャトレーゼ、ルバイヤート）、外国七種（クラウディベイ、エラスリス、ラドゥセット、シャトーレイノン、シレーニ、ボルツァーノ、スターレーン）、計一四種のソーヴィニヨン・ブランワインを味わうという「ワイン会」となった。

5 明野栽培クラブの発足と栽培クラブの構造的変革（平成二十二年〜二十七年まで）

「鳥居平栽培クラブ」とは別に、新たに「明野栽培クラブ」が発足したのは平成二十二年五月である。発足させるうえで問題となったのが、どの圃場を担当し、作業にどの程度責任を負わせるかであった。つまり、中央葡萄酒にとって、「三澤農場」と「鳥居平農園」の位置づけは同じでなく、決定的に違っていた。

鳥居平は会社にとって歴史的に重要な役割を果たしてきたが、広大な畑を持つ「明野ワイナリー」が新設されたため、社内でのウェイトが変わった。しかし、この重要な農場を素人集団である「栽培クラブ」に任せることに、社内では異論は出なかった。

とはいえ、「三澤農場」は中央葡萄酒が社運をかけて開設した主力生産拠点である。目的とする、高品質なブドウの生産に妥協があってはならない。同社にとってこの農場は、いわば「聖域」であって、むやみに他所者を入れていいところではない。ことに、素人がブドウの樹を安易な気持ちで扱うことは許されない、という考えもあったのである。

しかし反面、この新しい広大な農場を社員だけで管理するにはとても「人手が足りない」という現実があった。労働力の応援自体は「喉から手が出るほど欲しい」というのも実情であった。とはいっても、社運を賭して手に入れた広大な畑のブドウの栽培を、素人の集団に任せるということは、そう簡単な話ではない。もし、勝沼の多くのブドウ生産者に相談したら、「そんなバカな」話と一笑に付されたであろう。

重要な冬期の本格的な剪定にしても、失敗すればその年の収穫を左右するし、翌年翌々年にも影響を残す――。おそらくその決断に迷い、三澤は夜も眠れぬ日があったはずである。しかし三澤は、ワイン用ブドウ栽培にひとつの「信念」を持っていた。グローバリゼーションの大波が日本のワイン市場に奔流のごとく押し寄せている時代にコストパフォーマンスのないワインは国際競争に耐えられなくなるであろう。人を雇うことはできても、そのコストが人件費に跳ね返る。いくら人件費がかかったからといっても、安易に自分が適価と考える以上の値段で売ってはいけないという考えがある。

そうした考えから、この畑から生まれるワインに無茶な値を付けられない。買ってくださる客に「申し訳ない」という信念と、長期展望を持ったバランス感覚から、三澤は明野畑の栽培を赤松と働いてくださる会員を信頼して、この畑の「将来を賭けよう」と決断したのである。

メルロとシャルドネを担当

一方、栽培クラブの事情からいえば、平成二十一年に発足した「明野班」のように、毎回作業する圃場が変わったり、二〇〇メートル近い長い畝(うね)の一部分だけで作業するのは、十分な達成感が得られない。やはり、自分たちが一定の地区を担当し、そこでの作業に責任を持つことをやりたいという考えがあった。

明野農場には白ワイン用として、シャルドネ、甲州、ソーヴィニヨン・ブラン、赤ワイン用としてメルロ、カベルネ・ソーヴィニヨン、カベルネ・フラン、プティ・ヴェルドの、合計七つの品種のブドウが植えられている。また、総面積一二ヘクタールの農場は、大小さまざまな圃場からなっていて、各圃場は造成工事時の工区の名称をそのまま引き継いで、番号で呼ばれていた。同じ品種でも、圃場によって栽培されるブドウの特徴や品質には差があり、それが生産されるワインのロットに結び付いていた。

そこで、単一の圃場としてはもっとも広い六区の南端に位置し、「六区奥」と通称されるメルロの圃場と、それに隣接する「一〇-三区」「一一-三区」「一二-二区」と呼ばれる三段になった小規模のシャルドネの圃場が「栽培クラブ」担当となった。

六区奥のメルロ畑には、開園時の苗の調達事情から苗屋に選択を任せたため樹勢が強めになる台木の樹や、台木を接ぎ木していない自根の樹が植えられていた。そのため、房が大きくなりすぎて果皮が「赤熟れ」しやすいため、社内では品質的にB、Cクラスにランク付けられていた。三面のシャルドネ圃場も、すべて北向きの斜面のため、南向き斜面に比べて成熟が遅く、B、Cクラスの位置付けだった。こうした畑のブドウが、栽培クラブ会員の努力によってこれまで以上に手間をかけ、品質的にランクアップすることも期待されたのである。

もちろん会員の全面的単独管理というだけでなく、作業日の労働で足りなかった分は平日に赤松が補うことにした。また鳥居平とは異なり、自分たちのつくったブドウで独自のワインをつくることを目標にするのではない。あくまでも、全体としての三澤農場のために、その一部を手伝うという位置付けだった。

危惧された会員集め

こうして「明野栽培クラブ」の会員募集が始まった。危惧されたのは、勝沼・鳥居平に比べて東京から遠く、農場に集合する便宜が悪いことであった。最寄駅はJR中央線の韮崎駅だが、作業開始に間に合うよう東京圏から来るためには新宿発の特急を利用するしかなく、交通費も割高になる。さらに韮崎駅からはバスで二〇分移動しなければならない。

しかし蓋を開けてみると、四二人（家族単位では三十家族）が入会した。この正会員以外に、鳥居平の会員のうち希望する三九人が協力会員となって、希望するときには作業に参加できるようにした。

五月十五日（土）、十六日（日）の入会式兼第一回作業日には、それぞれ一九人と一七人の正会員および六人ずつの協力会員が参加した。また第二回目の作業日である六月五日の作業終了後に開催した懇親会には、三六人の正会員と七人の協力会員が出席した。年間で二二日の作業日に、平均一七人が参加し、メルロを二・八トン、シャルドネを三・六トン収穫した。さらに、栽培クラブの担当圃場以外のブドウの収穫にも五日、平均一六人が積極的に参加した。

このあと、明野栽培クラブは、平成二十三年の第二期に新規会員二五人を含む四八人、平成二十四年の第三期に新規会員三二人を含む七〇人、平成二十五年の第四期に新規会員三三人を含む八五人、平成二十六年の第五期に新規会員四三人を含む一〇九人、平成二十七年の第六期は新規会員五一人を含む一三一人と会員を増加させていった。

第六期会員を「継続度合い」でみると、一期からのメンバーが一二人、二期からが一二人、三期からが一一人、四期からが一七人、五期からが二三人継続して参加していることになる。担当している圃場は、六区奥メルロと一〇－三区から十二－二区シャルドネ畑である。その結果、最初は作業日だけでは必要な作業を終えられず、残りの作業は赤松が行なっていた。しかし五期からは、作業日の会員の労働だけで賄えるようになっている。

もっとも、農場を管理する労働のうち、病害虫防除のための消毒と、新梢を一律に適当な長さに切る摘芯と草刈は会社の社員が担当している。「消毒」は、日によって変わる天候をにらんで臨機応変な実施が必要だからである。また「摘芯」と「草刈」は、それぞれトラクターに付けたリーフカッターおよび乗用モアという、機械で行なうのが効率的なためである。逆に、ブドウの果実を雨から守る「雨除けシート」を取り付ける作業は、人海戦術が有効で、担当圃場だけでなく、大半の圃場を栽培クラブが受け持つようになっている。

いずれにせよ、五期＝平成二十六年のブドウの収量で表現すれば、三澤農場全体の一四％の範囲の作業にわたり、作業量としては全体の一割近くを「栽培クラブ」が担当していることになった。

明野で重要なのは、担当圃場を通年管理するだけではない。収穫期にはすべての圃場、品種の収穫の大きな担い手になっていることである。中央葡萄酒の圃場では、ブドウの収穫はすべて手作業である。ワインの品質を高めるためには果房にダメージを与える機械収穫は適さないし、畑で病果や未熟果を取り除く手入れは徹底的に行なう必要がある。そのため収穫には時間がかかり、熟練も重要だが、とにかく人数が重要になる。この点、「栽培クラブ」のメンバーが多く参加してくれる休日は絶好の収穫日であり、平日の少人数の参加も貴重な役割を果たした。とりわけ収穫時期における栽培クラブメンバーの労働への貢献度は大きい。

このように通年の作業においても、収穫においても、明野栽培クラブの役割は、三澤農場にとって、いまや重要なものとなっていった。

「明野栽培クラブ」の特徴

明野栽培クラブには、鳥居平に比べていくつの特徴がある。

まず「鳥居平」の場合、会員を募集した三年間で古くからのグレイス・ファンの活動的な層がほとんど入会し、継続会員として熟練している。それに対し、「明野」の場合は相対的に会員の年齢層が若い。さらに、毎年新規会員を受け入れることもあって、活動は活発だが新陳代謝が早い。仕事や趣味で特技を持つ会員の何人かが、会の活性化につながる新しい活動を始めた。

最初に生まれたのは、毎回の「作業日の記録」である。第一期会員の斎藤敏光は、毎回の『VIGNERON 通信』を素材としつつ、独自に現場で写真を撮り、自分の記録をも参考に毎回の活動記録を mixi 上にアップしていった。

次に第二期で生まれたのが、「写真部」である。第二期会員の土門仁が、毎回ミラーレス一眼で作業風景などを撮影しているのを見た一期会員の西久保美千代が、「写真部」の設立を提案した。これに斎藤敏光や当時、山梨の放送局でカメラマンをしていた札内聡など加わって写真部が発足した。写真部は、「作業マニュアル」のヴィジュアル化に取り組み、通年の作業についてのマニュアルができた。

さらに、毎回の作業の様子、さらには各種宴会の情景を精力的に写真にとり、mixiを通じて公開した。三期会員の安藤美加は写真を趣味としているが、独自に季節感あふれる明野の風景とか作業や宴会時のメンバーの表情を撮影し、アルバムに作成して公開している。

6 会の運営と活動の諸相

運営のシステム

栽培クラブの運営は、基本的にインターネットのメーリングリストのシステムを利用した『GRACE VIGNERON 通信』を軸に行なわれている。内容的には、会からの案内（作業日の案内、報告、イベントの告知など）と、会員からの返信によって維持されている。当初は、ヤフー・グループスというメーリングリストを利用していたが、フリーMLに変更となった。

作業日は通常、土曜か日曜だから、一週間前にその案内が発信される。参加する会員は参加の意思と農場へのアクセス（自家用車か電車か）と到着予定時間、さらに昼食弁当を頼むか否かを返信する。作業日が終わると、翌日には報告が配信される。昔は、往復ハガキやファクシミリを使っていた関係で多大な費用や手間を要していたが、いまやインターネットで簡単にできる。この手段がなければ、赤松が会社の通常業務をこなしながら、一人で会の運営を続けることは不可能だったに違いない。

作業日

栽培クラブの活動の主軸は、二つの農場での年間を通したブドウ栽培である。作業日は、ブドウの成長期にあたる四月から八月までは通常二週間に一度、設定されている。最近は、同じ週の土曜に鳥居平、日曜に明野の作業日が設定されたら、次々週の土曜に明野、日曜に鳥居平があるということが多い。遠方から両方の作業日に参加する会員の便宜を考えてのことである。

会員は自動車で農場に来る人と、ＪＲ中央線を利用して最寄り駅である勝沼ぶどう郷駅または韮崎駅に来る人とに分かれる。駅から農場までは、鳥居平の場合歩いて一五分くらいで行けるが、会員が自動車での送迎体制を取っている。明野の場合は、韮崎駅からミサワワイナリーまでバスで移動し、ワイナリーと農場の間を会員の車で送迎している。自動車組の会員が韮崎駅に寄って、電車組を乗せてくることも多い。

会員は農場に到着すると、まず、折り畳み式テントを設営し、ブルーシートを敷いて集合場所をつくる。こうした道具類はそれぞれの農場に設置された専用の倉庫に保管されており、それとは別に電車組が長靴や雨具などを置く個人用の物置も設けられている。

栽培ミニ講座

作業時間は昼食休憩をはさんで、午前十時から午後三時まで。ただ、作業開始の前に、赤松が毎回三〇分程度、「栽培ミニ講座」と題するレクチャーを行なっている。栽培に関する日本語教本がないから、赤松がウィンクラー共著による『ジェネラル・ヴィティカルチャー』の原書をひも解きながら、テーマは以下のような内容で、時期ごとのブドウ樹の生理や栽培学の基本を分かりやすく解説する。

ブドウ樹の特質と仕立て型
ブドウの開花と結実
光合成の仕組みと、中庸な樹勢の重要性
果粒肥大期とヴェレーゾン
ブドウ果実の成熟プロセス、花芽分化と新梢の登熟
病害虫防除
収穫適期の判断
土壌と施肥
剪定の意義と方法

講義に続いて、その日の作業についての目的とやり方を赤松が実際にやりながら説明したあと、各班に分かれての作業となる。班の編成は、五十音順の参加者名簿の順番を基本にしながら、継続会員と新規会員が混ざるようにして、ベテランを班長に任命する。だいたい四~五人で一班とすることが多い。継続会員ばかりで構成される鳥居平の場合は、毎回同じメンバーにならないようにしている。

新規会員には、最初、班長が付きっきりで指導するが、徐々に迷った時だけ教えるように変えていく。さらに解からないこと、班長でも迷うときなどは、赤松を呼んで対応方法を聞く。

「奨励賞」と「銀賞」を獲得したヴィンテージ

栽培クラブはもともとワイン愛好家の集まりであるから、自分たちが栽培したブドウがどんなワインになるかという関心は大きく、「ワインづくりに関わりたい」という声も多い。と言っても、ブドウがワインに変化する「発酵」の過程は、素人が簡単に関われるものではない。会員が関われるワインづくりは、最初の「仕込み」の段階に限られる。

鳥居平栽培クラブでは収穫が午前中に終わるので、希望者は全員が午後に「仕込み」作業を手伝う。第一期では「手除梗」を行なった。ワインづくりの最初の工程は、ブドウの房を果粒と果梗（茎の部分）に分けることで、通常は除梗（破砕）機という機械で行なう。初めはそれを手で一つ一つの粒をもぎ取っていった。

翌年からは、除梗機で粒を取り外したあとの、「選果」作業も行なった。畑の収穫の段階で、病気にかかった粒や色づきの悪い粒は取り除いて、良い粒だけを収穫するようにしている。しかし、見落としもある。また、除梗の過程でどうしても果梗の切れ端が混じる。これらを摘み取るのが「選果」である。

明野では、赤ワイン用ブドウの選果作業が深夜に及ぶことがある。ミサワワイナリーの「醸造」に関われるのは、あらかじめ研修登録された数名のみである。これが、二〇一四年から始めたグレイス栽培クラブのメンバーに限定した研修制度だった。初めての試みだったので、想定外の場面もあったが、一週間の研修を全うできたのは真剣勝負を覚悟した、ほんの一握りである。いわばワイン誕生の最初の出発点であるからして、生半可な心構えでは優れた作業ができない。

会員の栽培したブドウからつくられたワインは、鳥居平の場合、メルロ、カベルネ・ソーヴィニヨン、プティ・ヴェルドのブレンドされた「GRACE TORIIBIRA RUGE」になる。瓶詰された段階で、そのブドウを栽培した期の会員に「一本」がプレゼントされるほか、希望する人には期を問わず販売される。第一期から第三期までのワインは、会員のみに配布・販売されたが、第四期の二〇一〇ヴィンテージからは、残ったものを一般に市販するようになった。会員の強い希望に応えて、三澤は会員のワインを『日本ワインコンクール』に出品させる決断をした。二〇一二ヴィンテージは二〇一四年に「奨励賞」を獲得したあと、熟成を深めた二〇一五年のコンクールでは「銀賞」を受賞した。

一方、明野栽培クラブは、もともと独自のワインを目指すものではなかったが、会員の中から「自分たちも独自のワインが欲しい」という声が高まり、平成二十四年からシャルドネを原料とする「GRACE AKENO BLANC」がつくられるようになった。

味わいと学びの「テスティング会」

会の年間行事にワインの「テスティング会」がある。目的は、自分たちのかかわったワインを味わうことと、中央葡萄酒のワインづくりについて学ぶことである。

「鳥居平」の場合、赤ワインなので、小樽の中での発酵・熟成を経て、瓶詰されるのがだいたい収穫の一年半ぐらいあとになる。それに先だって、ブレンド比率を決める前にテスティング会が開かれる。たとえば、平成二十七年二月の会では、平成二十五年収穫の、メルロ、カベルネ・ソーヴィニヨン、プティ・ヴェルドをブレンドした瓶詰予定のワインと、平成二十六年収穫のメルロ、カベルネ・ソーヴィニヨン、プティ・ヴェルドのワインをテスティングした。

「明野」の場合、製品になるのはシャルドネの白ワインなので、前年平成二十六年に収穫されたものをテスティングした。また、三澤農場の良いワインを知ってもらうという観点から、「キュヴェ三澤」二〇一二も味わった。

「テスティング会」は、三澤彩奈栽培醸造部長が指導する。栽培クラブ会員が育てたブドウのワインづくりについて説明されるほか、その品質を検証する参考に三澤農場から生まれた「キュヴェ三澤」などもテスティングに供する。また、飲み手とは区別されたつくり手＝醸造家としての「テスティング」についても学んでもらうようにしている。そこには三澤社長も同席する。

絆を深める宴会

栽培クラブの活動のなかで、宴会やパーティーは大切な役割を果たしている。栽培クラブは多種多様な人たちが集まった集団である。経歴、職業、性格、日常生活も同じでない。いわば、異人種の集まりである。栽培の作業にあたっているときは、そう長くお喋りをしているひまがない。ある意味では孤独の作業である。そうした会員たちが、お互いを知り合い、理解し合うことがあって、はじめて会が一致団結して作業にあたれる。そうしたことから、宴会やパーティは単なる潤滑油的存在を越えた、結集のための重要な「きずな」なのである。

宴会には「VIGNERON通信」で案内される公式のものと、メンバーの発案で自主的に開催されmixiで案内される二つのタイプがある。前者には、新会員歓迎の懇親会、お盆ころの作業日のあとの暑気払い、収穫期のワイン持ち寄りパーティー、収穫終了後の収穫感謝祭、修了式後の懇親会などがある。後者の中で恒例行事になっているのは、忘年会や新年会、テスティング会のあとの懇親会などである。

基本的に、すべて「会費制」をとって自前で運営される（ただ、収穫感謝祭だけは会員の収穫作業への参加に感謝して、会社が費用を負担している）。提供されるワインは、新会員歓迎懇親会だけは、会社の紹介を兼ねてすべてグレイスワインのラインナップ。

ほかの場合は、会が用意するワイン以外に、参加者が自分の好きなワインを持ち寄ることができる。とくに「収穫デー&ワイン持ち寄りパーティー」では、原則全員持ち寄りなので、会場には参加人数をはるかに上回る本数の、日本および世界のワインボトルが並ぶ。なかには、滅多に手に入らない貴重な日本のワインもある。

事前に赤白ロゼ、スパークリングなどのタイプ、生産者名、ワイン名、産地、ブドウ品種、ヴィンテージ（生産年）、提供者名、そのワインを選んだ理由などのコメント等のデータを送ってもらい、赤松がワインリストを作成して当日に配布する。会場では、リストを片手にテーブルのまわりに、飲みたいワインを探す参加者が集まり、ボトルを囲んでワイン談義が熱く続く――。

各会員の発言を全員で聞き、人となりを知ってより深い親睦を築けるのが宴会・パーティーの素晴らしいところである。参加人数の少なめの会では、全員に発言してもらうようにしているし、多人数の会でも可能な限り多くの人が発言する。忘年会などの自主的な宴会では、幹事が準備して、ブラインド・テスティングなどの企画、隠し芸の披露などが行なわれることも多い。

ソーシャル・ネット「mixi」の活用

栽培クラブの活動を円滑にし、会の結束を固めるうえで、ソーシャル・ネットワーキング・サービス（SNS）の一種である「mixi」の果たしている役割が大きい。

mixiの「グレイス栽培クラブ」コミュニティは、会員だけが参加できる決まりで、義務ではないが、ほとんどの人が参加している。「GRACE VIGNERON 通信」が赤松と各会員の間で会からの連絡と返信を司る垂直関係なのに対して、「mixi」は会員同士を横につなぐ水平的なコミュニケーションツールといえる。

コミュニティの中の各話題にあたる「トピック」の立ち上げと、そこへのコメントの書き込みは各自に任せられている。主なトピックは、作業日の報告やマニュアルなど、作業そのものを円滑にするためのものから、「新会員の自己紹介」「RED VINE 日記」「リレーエッセー」など、会員の人となりを伝えるもの、自主的な宴会を案内し参加を集約するもの、ワインに関連するイベントなどを紹介する「情報交換・お知らせ」、作業風景や宴会の様子を伝える「写真部」など、きわめて多種多様である。

貴重な人と人とのつながり

会員には、定年などでリタイアしたあとの楽しみとして参加する人も少なくないが、圧倒的に多いのは現役で、忙しく働く人びとである。これらの人が貴重な休暇の時間を栽培クラブの活動に使うのは、大自然と触れ合い、ブドウを栽培することそのものが楽しく、自分をリフレッシュさせてくれるものであるとともに、栽培クラブの会員仲間と一緒に働き、付き合うことがこのうえなく楽しいからである。

関東・東海一円（なかには関西）から集まる多様な人びとが、職業・経歴・年齢・立場を越えて、利害関係なく一つの目標のもとに「協働」すること、さらに宴会などで親しく「交流」することは、日ごろの職場や地域の人間関係だけでは得られない、貴重な豊かさをもたらしてくれる。

栽培クラブの活動のなかで生まれたつながりは、場合によっては、人生・生活そのものを支えてくれる「絆」をも生み出していく。平成二十三年「三・一一」の東日本大震災に際しては、土地の液状化のため千葉県の自宅で住めなくなった会員を、復旧まで東京の会員が助ける事態も起きた。また「フランスチーズＡＯＣマップ」のように、栽培クラブで出会った人同士が協力して、新しい仕事をつくり出していく事例もある。

さらに、会員の中から新しいカップルが何組も生み出されている。これまで栽培クラブのメンバー同士の結婚式が四回行なわれたが、そのうち二組は婚約者同士だが、一組は鳥居平栽培クラブのメンバー同士、もう一組は平成二十四年五月に行なわれた北海道ワイナリーツアーをきっかけとして生み出された。

ついに専業農家が誕生

グレイス栽培クラブはもともと、それぞれの職業をもつワイン愛好家が、休日を利用して、ブドウ栽培に取り組む組織である。その活動を通して、いまでは自分自身がブドウ栽培を始めた人びと、さらには山梨に転居して農業を生業にしだした人を生み出している。

最初に勝沼の別宅でブドウの栽培を始めたのは、鳥居平一期の煎本正博。次いで、同じく鳥居平一期の竹崎清彦が、勝沼の他社のワイナリーの畑を手伝うことを栽培クラブと並行して行ないだした。定年退職後はさらに進んで自分で畑を借りて醸造用のブドウを栽培し、委託醸造でワインに仕込んでいる。

鳥居平二期の泉谷正は、北杜市の高根に別荘地を購入し、そこでブドウを栽培してワインをつくる「夢」を描いていたが、栽培クラブに入会して庭にメルロを植え、平成二十五年には自家製ワインをつくるところまでこぎつけた。

そしてついに、専業農家も生み出された。鳥居平一期の清水俊英が、明野二期の伊藤泰子と結婚したのを契機に、平成二十五年甲州市牧丘に移住し、農家の巨峰栽培を受け継ぐとともに、カベルネ・ソーヴィニヨンの栽培にも取り組み始めたのだ。

【第二部】　手記　栽培クラブで働くことの楽しさ

三澤農場収穫デーに参加した 100 名を超える会員たち。みんな底抜けの笑顔だ。

Photo：白谷達也

「葡萄時計」で一年を過ごす

鎌田真由美（鳥居平一期）

横浜市生まれ。大学卒業後、外資系コンピュータ会社でシステムズエンジニアを始めに、プロジェクトマネジャー、研究所マネジャーなどに就く。現在は都内の外資系ソフトウェア会社にて技術者のマネジャーを務める。ワイン＆スピリッツの英国認定資格ＷＳＥＴ中級認定者。

葡萄の花があんなに可憐だとは知らなかった。黒い葡萄も白い葡萄も、最初は緑ということも知らなかった。そんな私がもう八年も勝沼に通っている。

「楽しいから？」――そう、作業後のみんなとのお疲れ様の一杯の時は、心から楽しい。が、じつは私は畑に向かうとき、口に出すことはあまりないが、何かしらの不安を感じていることが多い。実際、「誘引はうまくいっただろうか」「ウドンコ病やベト病に冒されていないか」「新梢は順調に伸びているだろうか」「色づきは順調だろうか」などなど、心配の種はいくらでもある。

私たち栽培クラブの活動は、人間のカレンダーや時計で作業日や作業時間を決めてしまう。それは私を含むメンバーの多くが別の社会生活を持っているため、致し方のないことだが、何回か通年の作業を経験して私が感じたのは、葡萄にとっての一年は人間が刻む均等な時間の連続ではないということである。「葡萄時計」は、冬と夏とでは感覚的に五倍以上のスピードの差がある。たとえていえば、秋の収穫後から早春の萌芽までは、まどろんでいるかのように、とてもゆっくりと時間が過ぎる。萌芽から春の開花・結実までは、歩くくらいの速さからジョギングくらいにスピードを上げ始める。そして初夏、ヴェレーゾンが始まったころからどんどんピッチが上がり、八月は人が追いつけないくらいの全力疾走になっている。結果、無事に走り切るものあり、勢い余って転倒したり、暴走してとんでもないゴールに突っ込んでいたというようなアクシデントもあり、目が離せない。

本来はこの葡萄の時計に人が合わせて、なだめたりすかしたりするのが、一番良い結果に導けるのだと思う。だから葡萄づくり・ワインづくりに正面から取り組んでいる方々の多くは、「葡萄時計」で一年を過ごしている。

盛夏に休暇なんてとんでもない。日の出から日没まで作業をして、収穫日は糖度や酸のデータと天気予報とのにらめっこで決めるが、そうやっても思った通りにならないことがたくさんある。収穫しても、時間との勝負で、ワインづくりに入っても葡萄の時計に合わせ、やっと一息つくのは、葡萄が葉を落とす晩秋である。

私たち栽培クラブは、その点異質である。たまにしか行かれないから、行ったときは集中的に作業をするが、作業間隔は葡萄時計とは合っていないことが多い。実際、盛夏に少し間隔が空いて作業をした年があったが、それまで順調に生育していた葡萄の実が次に行ったときには無残にも病気になっており、半分以上切り落としたこともあった――。

あれは痛恨の年だった。あの時期の葡萄時計は一年で一番加速して想像できない速さになっていて、人間の勝手など待っていないよと、無言で強烈に主張されたように感じた。たとえ前回うまく作業を終えたと思えても、毎回漠然とした「大丈夫だろうか」の不安があるのは、そのような経験をしているせいでもある。

とはいえ、不安で大変なことばかりでは八年も続かない。では、私のここでなければ味わえない歓びとは何なのだろうか――。畑で天を仰いで「頼みます！」とひそかに願うとき、葡萄も私も同じ存在に感じる。この感覚は、仕事で「あー、何とかならないものか」と思うのとは、まったくスケールが違い、大げさにいえば大地との一体感である。

そこに植わって一生どこかに行くこともなく、明日切られるかもしれない葡萄と私が、どういうわけか、この大地と時間を共有している同じ存在のように感じてしまう。これは、ほかでは決して味わえない。でも、ただ「楽しい」と思うこととは違う、生きる本質・今生きているという苦しさと一体になった幸福感の、（ほんの）一端のような気がする。そんな思いを東京で感じることは、決して無い。

たぶん、これからも漠然とした不安が消えることはないかもしれないけれど、それを超える何かを感じられるから、また畑に向かうだろう。葡萄時間に寄り添えないことは申し訳ないけれど、おかげで再び東京の生活にも戻っていける。いつの日か葡萄時間で生きるのかもしれない、という淡い想いも一緒に育てながら。

栽培の厳しさと奥深さを思い知る

泉 直樹・緑（鳥居平一期）

私は泉 直樹（アンドロメダ）です。妻の泉 緑（めぁりー）と共に、二〇〇七年のグレイス栽培クラブの第一期からの創立メンバーとして、皆さんの仲間に加えていただいています。

私は北海道の旭川出身、北里衛生科学専門学院を卒業し、東京女子医科大学病院の病理検査室を経て、(株) ＢＭＬの病理検査部門に勤めています。一昨年定年を迎え、今は嘱託としてそれまでと変わらぬフルタイムで勤めています。まる四〇年、病理検査一筋で仕事をしてきました。昨年の十二月に体調を崩して狭心症の診断を受け、アルコールは極力少なくするように指導されて、これからの人生真っ暗になっています。

妻は秋田県出身。東北大学医療技術短期大学部を卒業して、東北大学医学部病理学教室に就職し、その後、私の勤めていた(株) ＢＭＬに転職してきました。いまは細胞診部門に勤めています。

はじまりは石積みのワイナリー

中央葡萄酒とのかかわりは、まだ独身時代のおおよそ三〇年以上前に、よく通っていた豚カツ屋で知り合いになった独身男がマイカーを購入したので、ドライブに行こうと夜な夜な柳沢峠を越えて甲州に行った際、眠気がさし、路肩に車を止め寝ていたら朝方、窓をノックしてきた若い女性に、「試飲に寄って行かないか」と誘われたのですが、「あとで寄るから」とサントリー登美の丘ワイナリーへ行きました。帰ろうとしていると、一緒に行った男が、「せっかくだから、朝声をかけてくれたワイナリーにも行ってみないか」と言い出したので、立ち寄ってみたのが蔦のからまる趣のある石積みのワイナリーでした。

それが今に至る始まりでした。買って帰って飲んだワインはなかなかいい感じで、すっかり気に入ってしまい、酒売り場に行くと必ず探してしまうようになりましたが、当時は滅多に買えないワインでした。ただ大久保駅の横に中央葡萄酒の営業所だったか支店だったかがあったので、立ち寄って手に入れたものです。

そこは新宿とは思えない、古めかしい倉庫のような感じでした。そのころの銘柄は「インヌイ」で、わが家では今も空き瓶を飾っています。今のグレイスワイナリーの横の駐車場あたりに当時の事務所があって、名前はわかりませんが、足の不自由な年配の方と話をしたのを覚えています。――ここで妻にバトンを渡します。

春の始業時のワクワク感

夫のお勧めのワインは私もすっかりお気に入りになりました。当時日本では本格的なワインはあまり一般的でなく、やや甘めの「インヌイ」がとてもおいしく感じたものでした。その後ワインブームの訪れとともに、私たちも渋い赤ワインを好むようになり、いつの間にか「インヌイ」は店頭から消えていました。

ときどき中央葡萄酒のメーカーズディナーや試飲会（四週連続で年代ごとの赤ワインを飲み比べ、金賞をとった一九九九メルロも飲ませていただきました）に参加させいただいておりましたが、あるとき「剪定体験」の募集があり、ふだんから園芸好きの私は「おもしろそう!」と、そのイベントに飛びつきました。

当日の鳥居平農園は天気がよく、小春日和で、私の参加した回には一四、五人いたような気がします。みんなで剪定の仕方をていねいに説明してもらったあと、一本の木を任され、恐るおそる枝を切ったことを覚えています。終わったあと、任された木にはリボンを巻いて印をつけたのですが、いま思うと、それは赤松さんの陰謀だったのかもしれません。だって、このあとその木がどう育つか、自分で確認しなさいってことでしょう。

私はワイナリーに戻ったあとのアンケートに、「このあと、この木がどのように育っていくか見届けたい。剪定だけではなく、一年を通してぶどうを栽培したい」と書きました。そうしてグレイス栽培クラブは始まりました。二〇〇七年、私たちはあまりにも無知で、自信過剰でした。作業の意味も理解しておらず、いわれたことの半分もできていなかったと思います。この年のぶどうで仕込んだワインを試飲したときの、あの衝撃はたぶん一生忘れないでしょう。

二〇〇九年、栽培作業も少しはましになってきた三期目は天候にも恵まれ、良いぶどうができました。この年のワインは最高の出来だったと思っています。テースティングのとき、三澤社長から「コンクールへ出品してはどうか」と提案があり、私はぜひそうしたいと思いましたが、なぜか賛成者はあまりおらず、結局コンクールには出品しませんでした。いまでも悔しい思いがします。その後は、赤松師匠の試行錯誤の成果と、クラブの栽培の腕が徐々に上がってきたこともあり、天候にかかわらず、それなりに良いぶどうができるようになりました。そして八期目を迎えた今年、天候もまずまずだったはずなのに、ワインの出来はよくありませんでした。専門家の意見を聞いて、いままさにどん底に突き落とされています。

考えてみるといろいろな理由が思いあたりますが、八年目となり、栽培作業も指示されなくてもできるようになってきて、少し気持ちがたるんできていたのかもしれませんね。ぶどう栽培の厳しさと奥の深さを思い知らされた二〇一五年、栽培クラブのメンバーは相当気合が入っていると思います。

毎年、春の始業時には、今年はどんなぶどうができるか、ワクワクします（私はそのワクワク感がたまらなく好きです）が、今年はワクワクというよりもドキドキします。前年の作業とぶどうの出来を踏まえて、今年はどんなふうに作業をすすめていったらいいのか、今年は師匠が何を言い出すだろうか……。

ところで、私たち夫婦は熱心なつもりではありますが、あまり真面目ではありません。年に一度の作業は翌年にはすっかり忘れてしまいますが、作業記録をつけるというマメさも皆無です。数日間同じ作業を続ければ覚えられると思いますが、栽培クラブでとしては無理でしょう。よって毎年毎年、剪定と誘引は初心者です。一番大事な作業がいつも初心者同様では、赤松師匠もがっかりですよね。

最近は会員の中からプロになる方も出てきました。ですが、ほとんどの方々は別に本業を持っていて、余暇に栽培作業に参加しています。今後、プロとアマの考え方の違いが出てくるかもしれませんし、会員の方々の背景も変わってくると思います。その時々に、栽培クラブのあり方を見直しながら、このクラブがずっと存続していくことを望んでおります。そして私たち夫婦も体力の続く限り、ずっと続けていきたいと思っています。

逃れるのではなく、導かれた「葡萄栽培」

竹崎清彦（鳥居平一期）

ワインと出会ったのは、一九八〇年の初めころ、国立の紀ノ国屋だった。週末の買い物のたびに、試飲をさせてもらった。これが自分のワイン愛好の原点である。葡萄栽培ではない、ワインありきの時代である。日本ワインとは無縁だったが、マンズ、メルシャン、サントリーのワイン祭りには行った記憶がある。そして、いつ頃だったか、地元立川の「エスポアおぎの」で初期自然派ワインに出会い、昔ながらの葡萄栽培をする生産者のワインに魅せられた。それが「葡萄栽培」に目を向けるきっかけになった。

一番のお気に入りは、彼らがつくる不思議なワイン「ペティアン」、一次発酵の途中のワインを瓶詰にした微発砲ワイン。ミクシィでの「ニックネーム」はこれにした。そして、発想は、フレッシュな生まれたてのワインに、産地地消、日本ワイン、東京から一番近い「山梨」での葡萄栽培へと発展した。でも、うわべの情報で、栽培を教えてくれる入り口はなかった。最初に見つけたのは、サントリー登美の丘の「生産者とまわる栽培見学コース」みたいなもの。これを月一回参加して、葡萄栽培の風景を一年見たのが最初だった。単発の一見様向けのコースなので、「また来たの」っていわれました。ワイナリーの情報も欲しかったので、いろいろなメール通信を登録したのでしょう。

中央葡萄酒から「春野菜とマリアージュと剪定を楽しむ会」みたいなお知らせがあり、即参加。剪定バサミで一カ所切るくらいの柔いものだった記憶。後日、運命的なお誘い「栽培クラブ」参加しませんか――。第一期生「竹崎清彦」誕生です。

「職業」、これも幸運でした。高卒の映画好き。紹介で「円谷プロ」でTV映画番組の光学撮影部へ。特撮不況で解雇、フィルム関係から印刷の製版会社へ。モグラのようなレッタッチ人生。デジタル製版を夢見て転職、現実はアナログだけ。そんななか、科学雑誌『Newton』の製版下請け会社に。しかし訳あって退職。無職、復帰、倒産前に『Newton Press』に派遣、社員へ。夢見たデジタル製版にも関与、雑誌のデジタル製版の現実を自分が形にしたと思っている。会社から「休みは取れ」といわれ、時間の余裕が人生最後の一〇年でめぐってきた。それが「葡萄栽培」の夢につながった。

「鳥居平栽培クラブ」発足の二〇〇七年は、自分の定年二〇一二年の五年前になる。勉強の嫌いな自分は、記憶に残ることだけを一つずつ覚えようと、スロースタンスで臨んだ。一年の「葡萄栽培」を触れて見れるうれしさで幸せであった。

一〇〇人を抱える「鳥居平栽培クラブ」では、ゆっくりていねいに確実に作業しようと決め、手の早い人には置いていかれる感じで、ぶどうの樹と向き合った。遅いことで劣等感もあった。まぁ、今でも進歩がないかもしれない。班長になった時も、ゆっくりしっかり覚えようを貫いたつもりである。いまや、会の先頭を走るKさんを教えたことがある。今年のはじめ、自分がしていたことと同じような風景を彼が演じていたのを横目で見て、うれしさを覚えた。

今年、新たな九期を迎える、栽培はまだ八回を経験しただけ、自信より不安が多い。初期は栽培に触れる楽しさだけだった。数には入らないと思う。そんな自分は現在、縁あって二〇一三年から「等々力」でカベルネ・ソーヴィニヨンの畑を持たせてもらっている。不思議と自分の努力でなく、「葡萄栽培」が自分を誘ってくれている。二〇一四年は、グレイスの「深沢農園」の防除も頼まれた。電車通勤栽培から、平日勝沼に住む幸運な出逢いが近づいてきた、その結果かもしれない。

不思議と「葡萄栽培」に操られる自分がいる。原点は、まぎれもなく「グレイス鳥居平栽培クラブ」との出逢いである。都会から逃れるのではなく、ワインとの出逢いと勝沼の「葡萄栽培」に導かれた男も居ることを記したい。

人生の行き先に天からの福音

清水俊英（鳥居平一期）

一九六二年、東京浅草界隈で産湯に浸かる。一九八六年、中央大学理工学部電気工学科卒業。鈴木自動車工業株式会社入社、生産技術部CAD・CAM推進グループに配属される。一九八八年、実家に戻り、家業（駄菓子問屋）に従事。二〇〇六年、父の体調不良により廃業。母の癌再発。二〇〇七年二月、両親の看病中、グレイス剪定体験に参加。三月、母を看とり、遺言であった「自分のやりたい事をやりなさい」に後押しされ、グレイス栽培クラブに参加。二〇一二年、父を看とり、山梨でのぶどう栽培を決意し現在に至る。

いま、私はぶどう農家として妻と二人、ぶどう栽培に奮闘し、厳しくも楽しい日々を送っています。しかし、九年前の私には「農業」・「妻」どちらも想像にすら出てこないことでした。生きる目標も持てず、ましてや家庭を持つことなど考えたくもないほど、ただただ苦痛な毎日を送っていました。

ところが二〇〇四年の夏、ふと手にした雑誌の「グレイスワイン収穫祭」の案内に私の心は高鳴りました。取るものもとりあえず参加の申し込みをしました。そして待ちに待った当日、その日はお日様がギラギラと照り、暑い暑い一日でした。

収穫祭会場は広大なグレイス明野農場――。限りなく整然と並ぶ垣根仕立てのぶどうの樹。畑一面サラサラと音を立てて揺れるのぶどうの葉。焼けつくような日差しとは対極に涼しげで爽やかでした。その時の得も言われぬ気持は永遠に忘れることができないでしょう。

初めて聞く会社の、どんな内容かもわからないイベントに、なぜ参加したいと思ったのか……。ワイナリーにもワイン畑にも行ったことがなく、日本にそれらがあることすら知らなかったのにと思うと、とても不思議な気持ちになります。それからというもの、貪るように日本中をめぐり、海外へも出かけるようになりました。

そのころからでしょうか、ここから自分の目指すものが見つかるかもしれない、と思うようになりました。ただ、ワインにかかわる何かといった漠然としたものでしたが……。

このように、初めての収穫祭参加からの数年は、ワインに関するイベントには片っ端から参加しました。もちろんグレイスワインのイベントに関してはストーカーのごとくです。そのなかに「グレイス栽培クラブ」がありました。こちらにも当然速攻で申し込み、参加することに決めました。ワインに強く惹かれるようになってから三年ほど経った頃です。

ワインの醸造かぶどうの栽培か、かかわりたい対象がだいぶ絞れてきていた時で、何ともいいタイミングであったように思います。厳しい審査や経験などが問われない、ゆるい企画であったのも飛び込みやすい要因でした。人生の行き先を見極めようと思っている人間がずいぶん浅はかかと思われるかもしれませんが、迷いに迷っていた私には天からの福音にも思えました。

大変な期待をして参加いたしましたが、初めてのワインぶどう栽培はただきついもので、これといった手ごたえもなく、あっという間に一シーズンが過ぎようとしていました。そんな時に、これまでの数々のイベントに参加してきたことが功を奏しました。誰かれとなく「どこかのイベントでお会いしましたよね」と声をかけると、まるで堰を切ったように交流が始まりました。

それまでは指示されたことをただもくもくとしていた場面でも、いろいろな職業・年齢・立場にある多彩なメンバーが知識・経験・発想から意見をぶつけ合い、議論をするようになりました。それは刺激的で、とても楽しいことでした。いましている作業はどんな意味があるのだろう、どうしたら目指す結果が得られるのだろうと、わくわくしてきました。

また議論は、畑作業のみならず日々の仕事であったり、人生についてであったりと、多岐に渡ります。畑作業がおもしろくなり、作業後の栽培クラブメンバーとの交流も、それまでに味わったことのない楽しさから、次のシーズンも、次のシーズンもと、栽培クラブに参加し続けました。

そして栽培クラブに参加し始めて五年目。グレイス明野農場元農場長で、クラブの栽培指導者・責任者である赤松英一氏のひょんな思いつきから、中央葡萄酒の千歳ワイナリーがあり、現在日本で最も注目されているワイン産地でもある北海道のワイナリー・ワインぶどう畑を訪ねる旅をしよう、という企画が持ち上がりました。

私に北海道ワイン全般に精通する友人が現地にいたこともあり、私がその旅を取りまとめることになりました。そのツアーは前年に発足した明野栽培クラブ、私の参加している鳥居平栽培クラブ、ともに中央葡萄酒の主催する両栽培クラブでの合同企画となりました。

その旅行が縁になり、明野チームから参加していたメンバーの一人が、私の伴侶となっています。

北海道では新規就農で畑を始めた栽培醸造家が多数活躍しており、私が「畑を始めたい」という思いに拍車をかけたのはいうまでもありません。いま私が畑と家を借りて生活している牧丘の地も、栽培クラブの親しい仲間と訪れた地であり、その仲間たちと一緒にその地で親交を深めた栽培醸造家がいる土地でもあります。それが私がこの地で畑を始め、生活をすることを決めた大きな要因の一つです。さらに、偶然にも、お借りした家のお向かいが栽培クラブメンバーの実家であったりもします。そのおかげもあり、初めて暮らす地にもかかわらず快適な暮らしが送れています。

栽培クラブは幾多の必然・偶然をうまく結びつけてくれました。何もかもを諦めていた私を一八〇度転換させてくれたのは栽培クラブの存在であります。事あるごとに叱咤激励で私を引っ張ってくださった赤松氏、温かい応援でいつも支えてくれたたくさんのメンバーたち、そしてその取り巻きの皆様のおかげであります。これまで本当にありがとうございました。これからもどうぞよろしくお願いします。そして栽培クラブのさらなる発展のために力を合わせていきましょう。

最後になってしまいましたが、大切な仲間たちを集めてくれた栽培クラブ、それを主催していただいた「中央葡萄酒株式会社」三澤茂計社長に、心より感謝をいたします。

葡萄づくりのロマン

煎本正博（鳥居平一期）

私はこの文章を山梨県甲州市勝沼の家で書いている。窓の外には甲府盆地の夜景が広がっている。明朝は葡萄畑越しに雪をいただいた南アルプス連峰が遠望できるはずである。

もう一五年以上前になると思う。週刊誌のグラビアでエッセイストが自分で葡萄をつくり、ワインをつくろうとしているという記事を見た。のちにヴィラデストワイナリーを開設された玉村豊男氏だったのである（『花摘む人・ヴィラデストワイナリーが出来るまで』新潮社）。そのころは氏のエッセイや絵などはまったく知らず、ただ素人がワイン用の葡萄をつくるという、ロマンに強く惹かれるものがあった。興奮して家内に、「ワイン用の葡萄を自分でつくりたい」といった。その時の私のことを家内はいま、人に面白おかしく語るのであるが、「この人、狂った」と思ったのだそうだ。

さて、私の仕事を簡単に紹介しておく。私は放射線科の医師である。皆さんが病院にかかるとＣＴやＭＲＩの画像検査を受けることがあるだろう。画像検査の判断（影を読むので読影という）は難しく、必ず放射線診断の専門医が読影して、内科や外科の主治医はその報告書をもとに診療方針を決定し、患者さんに説明する。

ふつう、放射線診断医は装置のある病院に勤務している。私も二十七年間大学病院などで勤務医として過ごした。しかし、私は二〇〇一年、病院を退職し、独立した放射線診断医の道を歩み始めた。内科や眼科などの臨床科では、勤務医が退職して自分のクリニックを開業することはよくあることである。しかし、放射線科医が独立することは、当時はというより今でも珍しいことで、まわりの仲間はやはり「狂った」と思ったようである。こうして私は当時、二つの意味で、家内からも同僚からも「狂った」と思われていたわけである。

さて、自分で葡萄からワインをつくってみたいと考えた私は、まずは、ワイナリー巡りを始めた。当然、国立のわが家から近い勝沼には足しげく通うことになる。最初は妻もいやいや付き合ってくれていたのであるが、この土地を巡るにつれ、ここの風土に夫婦とも惚れ込んでしまった。故・浅井昭吾さん（ペンネーム麻井宇介）の著書（『勝沼ブドウ郷通信・ワインづくりの四季』）の一節、「山の斜面を埋めつくしたブドウ畑、それがはるかに広がっていく盆地の鳥瞰、そのはるか彼方に同じ目線の高さに見える南アルプスの長くのびた山なみ」とまったく変わらない風景が広がっていた。

やわらかく傾斜がうねる扇状地を埋め尽くす葡萄棚をわたってくる風がいとも心地よい。いつしか、「ここに住みたい、ここで葡萄を作りたい！」と思うようになった。しかし、勝沼ではなかなか物件がなく、「理想の地」探しは難航した。やっと、二〇〇六年の夏前、不動産屋に紹介されたのが、勝沼でも最も標高の高い現在の地であった。雑草だらけの土地であったが、あこがれていた葡萄畑の隣り、甲府盆地や南アルプスが一望である。

先に紹介した玉村豊男さんのワイナリー、ヴィラデストの由来ではないが、

「ここだ！　ここだ！　ここだ！」

と、三回叫んでしまった。

この地に家が完成したのが二〇〇六年の暮れ、週末を中心にここでの生活を始めた。

独立放射線科医としての仕事は、全国の病院や診療所から撮影された画像をネットで送ってもらい、読影し、報告書を返送する仕事である。画像データは東京のオフィスに送られるが、東京オフィスのサーバとこの勝沼の家はネットの仮想専用線（ＶＰＮ）で結ばれている。勝沼にも東京と同様の読影端末が設置されており、ここ勝沼にいても、東京に送付された画像をまったく同等の環境で読影することができる――。かくのごとく、葡萄の世話をしながらも、仕事ができる環境が整ったのである。

ところで、自分で葡萄を育てるといっても、畑があるわけではない。なんといっても葡萄栽培のことは何も知らない。家の建築中から地元の農家や醸造家の方々とも知り合いになって、お手伝いのようなこともしていたのであるが、何といっても基礎からの教育を受けることができなかった。そのころ、偶然にも中央葡萄酒が栽培クラブを立ち上げるという情報を得て、一も二もなく「栽培クラブ」に入会した。

クラブは会費があり、報酬は一本のワインだけである。交通費も弁当代も自弁である。よく地元の農家の方から、「セントラルさん（中央葡萄酒は地元ではそう呼ばれている）の人たちはよくそれで通ってくるね」といわれる。私は事情を知らない人には「奴隷以下の小作人」と説明している。

しかし、私の本来の入会の希望から考えていただきたい。ワイン用葡萄をつくるロマンにあこがれて家までつくってしまった。でも、ワインのつくり方がわからない。そこに、「地元で教える」という組織があらわれた。プロについて葡萄栽培の一からを学び、年間を通して栽培にかかわれることが私のもっとも望んでいたことである。畑のある鳥居平は私の家から車で五分ぐらいのところにある。授業料を払ってでも教えてもらいたいと思っていた私にとって、「渡りに船」とはこのことであった。実際、赤松さんの教育は、毎回しっかりした教材資料を準備され、作業前にみっちり座学を行なってから実地指導・作業に入るというもので、通常の栽培指導とはまったく異なる科学的なものであった。

わが家にも小さな畑になる敷地があり、五年ほど前、棚で甲州とベリーAを植えてみた。翌年、棚の脇には一〇本づつほどであるが、シャルドネとソービニヨンブランも垣根で植えた。現在ではこの樹達も成木になり、実を付けて収穫ができるようになった。剪定も誘引もできなかった素人が、曲がりなりにも葡萄栽培ができるようになったのである。

私は世間では定年の年である。そろそろ事業継承の形を整えて「第一線からは引退したい」と思っている。そのときには、もう少し広い畑で本格的に醸造用葡萄を栽培しながら、少しだけネット環境を使って画像読影の仕事をし、文字どおり「晴耕雨読」の生活を夢見ている。それまで、またはそれからも、クラブでさらに栽培の技術を磨こうと考えている。

昨今は日本ワインが過熱ともいえるほどのブームになっている。しかし、その品質・コストパーフォーマンスにおいてはまだまだである。行政も特区をつくり、ワイナリー開業を支援する動きも見えるが、良質なワインを送り出すという努力は見えない。中央葡萄酒は私たちにいいワインをつくるためには、良質な葡萄が必要なことを教えてくれた。中央葡萄酒が栽培クラブで培った手法をさらに延長・拡大し、農家やワイナリー新規開業者を指導・支援すれば、日本のワインは名実ともに世界と勝負できるようになるのではないかと考えている。

迷いと決断の連続

梅沢正彦（鳥居平一期）

会社勤めも最終コーナーを過ぎた感がある五十五歳の春、何かを始めたいという焦燥感に駆られていた。そんなとき、中央葡萄酒（株）が「グレイス栽培クラブ」を発足し、有志を募集するという案内を偶然に見かけた。

年間を通じて自然と向き合い、ワイン用ぶどうの栽培を学びながら自立したクラブとして農場運営に携わるという、営利目的でも栽培教室でもない運営方針が大いに気に入った。

さいたま市大宮区の自宅から片道一三〇キロ。笹子トンネルを下り、大善寺を過ぎて柏尾交差点から甲州街道に入る。フルーツラインを少し登った左の路肩からは勝沼の町並みがよく見える。広々とした鳥居平のぶどう畑を見下ろすと、棚栽培の向こうに垣根仕立ての中央葡萄酒鳥居平農場があった。農場から東の柏尾山を見上げると、かつぬまぶどう祭りで大善寺の鳥居焼きを行なう山肌が見える。西には雀宮神宮が鎮座し、北は遠く奥秩父の山々が連なり金峰山の五丈岩が小さく見える。

二〇〇七年五月十二日の発足式を兼ねた第一回目の作業日は、師匠となる赤松氏や栽培仲間に出会えた感慨深い日になった。クラブの目指すところや志を、熱く、優しく、明確に語る赤松氏に感銘を受けた。

実作業を始める前に自作レジュメを用いたミニ講座があり、目の前の樹形を示しながら具体的かつ論理的に栽培の要点を解説する指導方法は、非常にわかりやすく実践的であると感じた。農場で実際に作業を始めてみると、聞くと見るでは大違いで、難解なパズルを解くような迷いと決断の連続になった。仕立て型、収穫時期、天候などさまざまな要素を見極めながらのぶどう栽培は、非常に奥深いものに感じた。ぶどうの成長と共に疑問点が多くなり、赤松氏にアドバイスを仰ぎながらも徐々にスキルアップをしていった。

収穫はうれしいが、未成熟粒や病果の摘出は予想以上につらかった。終わりの見えない手除梗による選果作業は過酷だったが、終了後の達成感は一番の思い出になった。ワイヤーに巻き付いたツルをひたすら除去する地味ではあるが重要な作業では、知らずの内に無の境地に引き込まれていく。剪定は、どこをどう切るか悩ましい判断の繰り返しだった。また、新種の植樹や接ぎ木などの作業を体験することで、栽培経験値を高めることができた。

栽培クラブに参加したことは、これまでのプランターでナスやトマトを育てるささやかな満足感から大幅にグレードアップし、人生における大きな収穫になっている。

自然との折り合いをつけながら

加藤利彦・裕子（鳥居平一期）

加藤利彦は地方公務員。裕子と職場結婚し、裕子は専業主婦。栽培クラブに参加した時は結婚二〇周年を超え、子供も手が離れた頃でした。

九年前、利彦は毎日書類を作り、会議に出て適当に発言し、一日を過ごし、裕子は家事を取り仕切り、時々アルバイト。子供たちはまるで自分の力で育ったかのような顔をしていて、二人で一泊二日の温泉旅を月に一回楽しむぐらいで、大した趣味もなく、そんな生活をしていました。当時、私たちは、酒は飲みますが、ワインに特段の思い入れがあるわけでもなく、当然、知識もほとんどなく、利彦は過去に美味しいと思って皆に薦めていた国産ワインが輸入バルクワインと知って、ショックを受けたトラウマもありました。

きっかけは、温泉旅の帰りに「その土地の酒が飲みたい」と思い、中央葡萄酒のワイナリーツアーに参加し、久しぶりに飲んだ国産ワインが新鮮で、自信を持って畑、工場、製品を説明している社員がいることのワイナリーが気になって、ホームページを「お気に入り」に登録し、時々見ていました。あるとき、利彦が栽培クラブ参加者募集の記事を見つけ、裕子を誘い「週末は山梨でもイイかも」ということで、深くも考えず、軽い気持ちで申し込み、気がつけば今年で九年目――。横浜と勝沼を結ぶ「はまかいじ」という特急列車が走っていたことも大きいですが、いま思い返すとこれも「運命」かもと感じています。

何事にも飽きっぽく続かない性格の二人で、最初は一通り栽培を経験すればと……。しかし、新梢が伸び、葡萄の花に香りがあること、花にキャップがあり、自家受粉であることなどなど、ハマってしまいました。

それからも最初の年は毎回、新しい発見があり、三五度を超す夏の畑で、下からムッとくる草の青臭い薫りに包まれ、雷の音を聞き、果実が色づけば甘いだろうと思っていた実の酸っぱさを味わい、熟すると種が香ばしいナッツの味がすることを体験し、気がつけば、目・鼻・耳・舌・皮膚、五官で畑の自然を感じていました。いつの間にか週末の勝沼を楽しみに平日を過ごす生活が始まっていました。

次の年からは、私たちは栽培について、もっと知りたいと思い、勝沼周辺のいろいろな畑を見学に行くようになりました。それぞれの畑の主、栽培家は棚でも垣根でも、毎年新しいことにチャレンジしていました。

あたり前ですが、理論を実践するための技術もすばらしく、たとえば、長梢剪定で結果母枝を深く折ることによって、中心部に芽を出させたり、山梨の風土から生まれた棚の一文字短梢で一芽を基本に樹勢に応じて、二芽、三芽に剪定し、数十メートルの新梢の樹勢を一定にコントロールするなど、簡単には真似ができるものではありません。

栽培家との出会いのなかで、全員が熱く自分の考え方、栽培方法を語る姿に心を打たれ感動し、私たちの中で忘れてしまっていた何か、たとえば真剣に生きていくことを感じることもありました。何よりも、皆が子供のような目をして純粋に栽培を行なっていることに驚きました。

毎年、畑で作業していくなかで、葡萄栽培は手間を掛ければかけるほど良い葡萄ができるわけではないこと、でも、手を抜けば、すぐに悪い結果に結びつくことがわかってきました。葡萄栽培は、自然の力をもらいながら、自然と折り合いをつけ、果実を収穫し、ワインをつくる。ふと気が付くと、クラブの仲間たちと葡萄栽培について熱く語る私たちがそこにいました。

自然に感謝――。私たち日本人のＤＮＡの中に、農耕民族として植物を栽培し、収穫することが組み込まれているのかもしれません。でも、フランス人のＤＮＡは狩猟採集民族（?）まぁ、いいか……。

ロジカルで奥深いプロセス

清海光子（鳥居平一期）

私は、メーカーでソフトウェア開発のプロセス改善を担当しています。たまたま立ち寄った酒店でグレイス甲州を紹介していただき、そのエレガントさに魅了されて中央葡萄酒を訪ねました。その後「剪定体験」のイベントがあり、初めて畑作業に参加しました。

剪定を実施するにあたり、ド素人の私たちに剪定ロジックをこと細かく説明してくださったのが、赤松さん。そして、剪定体験のアンケートに「ぜひ収穫まで携わりたい！」と書き（私が剪定した樹がどんなブドウをみのらすのか見たかったのです）、栽培クラブが発足しました。剪定作業はとても奥が深くむずかしいのですが、ロジカルで、結論出しのプロセスがどこかソフト開発と似ています。前年のブドウの生育状態を踏まえて本年度の生産計画を立てるところなど、私の仕事に通じるところがあり、最も好きな作業です。

クラブ活動発足当初は鬼師匠（赤松さんはいつも腕を組んで仁王立ちをしていました）が怖くてムダ口もきけないほどでした。毎回作業開始前に一時間程度栽培の講義（データに基づく説明がとても興味深い！）を受け、その後当日の作業の説明をしていただきます。間違ったことをして、取り返しのつかないことになってはいけないと必死にメモを取り、慎重に作業を行ないました（ちなみに赤松鬼師匠、明野栽培クラブでは美しい女性たちに囲まれていつもニコニコしていることがわかり、勝沼メンバー〈特に女子〉の話題になったほどです)。

年間を通してブドウを栽培してみると、一つ一つの作業がブドウにどのような影響を与えるのかがよくわかります。もちろん最大のファクターは天候ですが、どのような天候下でも最良のブドウになるように、いろいろな技を施します。これが栽培の一番面白いところであり、一番難しい点でもあると思っています。ブドウは天候が良い年は放っておいても見事に成熟してくれますが、冷夏や秋の長雨などの年は、一人前にするまでにたくさんの手間がかかります。しかし、手間がかかったブドウほど愛着が湧くもので、出来上がったワインは相当愛おしいものになります。二〇一四年で八ヴィンテージを仕込んだわけですが、収穫したブドウとワイン(熟成も含めて)の関係は、毎年新しい「発見」の連続です。

良いワインをつくるためのブドウ栽培は本当に簡単ではありませんが、栽培を行ないながらブドウとワインの関係をひも解けることはたいへん楽しく、幸せだと実感しています。

私たちの初めてのヴィンテージは二〇〇七年、カベルネ・ソーヴィニヨンとメルロを別々にビン詰めしていただきました。この二〇〇七年を飲んで、日本の赤ワインに対する私の思いは一変しました。

じつは、当時の私は国産の赤ワインに対して偏見がありました。単純にボルドーと比較していたのです。でも二〇〇七年の鳥居平カベルネ・ソーヴィニヨンはエレガント(タンニンが控えめだけど芯はある感じ)で、透明感があり、日本食に合う赤ワインだと思いました。それ以来、私がつくりたい赤ワインの方向が決まりました(でもこれはあくまでも個人的な意見です)。いまは、私たち栽培クラブのワインをもっといろいろな方に飲んでいただき、鳥居平の欧州品種の可能性を感じていただけたらよいと思っています。これからも栽培技術を向上させて、良いワインになるブドウをつくれるように努力していくつもりです。

卒業のない学びの場

椎名一夫（鳥居平一期）

半世紀ほど前のことです。若い男性が「いま、山梨の葡萄畑にいます。これが《デラウエア》これが《マスカットベーリーA》、君に見せてあげたい」といっているTVCFを見て、その広告にひかれて、洋酒メーカーに就職をしました。新人研修の一環として、秋に山形県の山寺にあったワイナリーで、一カ月間、契約農家から納入される葡萄の受け入れと仕込み作業の体験がワインとの付き合いの始まりです。

ワインとはいえ、当時は甘味果実酒が中心で、〈赤玉〉の時代でした。翌年、会社はビール事業に進出をして永らくビール営業に携わることになりましたが、時代の移り変わりとともに会社は総合食品酒類企業に業容を拡大して、ワインやウィスキーも取り扱い、アイテムに加わるようになりました。

遅ればせながら本格的にワインの勉強に取り組み始めたのは、五十歳代も半ばの、新潟への単身赴任がきっかけでした。記憶力、味覚、嗅覚の衰えで、苦労をしたソムリエ協会のワインアドバイザー合格は当時、会社で最高年齢でした。雪国の生活でしたので、ついでにスキー教師の資格も取得することにしました。次第にワインへの想いが強くなり、自社、他社のワイナリー見学をし、スキーツアーに出かけたヨーロッパではフランスの、南半球ではニュージーランドの、ワイナリーを何度か訪れました。

六十歳で定年退職をしてから、春から秋はセールスプロモーションの会社で営業とワイン、ウィスキー、ビール、日本酒などの店頭販売の仕事をし、冬はスキー教師とペンションでサービスの仕事をしています。趣味と実益を兼ねた良いワークライフバランスと自負しています。ふだんは比較的時間があるので、業界や団体のセミナー・試飲会、各種ワイン会へ参加する機会が増えました。

そんなある日、神田の「学士会館」で開催された、〈グレイスワインセミナー〉に参加したところ、ワインは美味しく、「熱く語るセミナー」という印象を持ちました。ある質問をしたところ、後日に三澤社長からていねいなお答をいただき、「信頼できる会社」との思いを強くしました。

そのころ意識し始めたことは、「良いワインは良い葡萄から」できるはず、原料、素材へのこだわりの大事さでした。タイミングよく「グレイス栽培クラブ会員募集」を知り、早速に申し込み入会をし、二〇〇八年二月二十四日からの作業に参加しました。知識の無さ、慣れない作業で戸惑い、ウロウロするばかりでしたが、グレイス社赤松さんの指導よろしきを得て、少しずつ栽培に関する言葉や作業を覚えるようになり、志を同じくする老若男女のワインラバーの方々とも打ちとけて会話も弾み、楽しい作業になっていきました。

グレイス栽培クラブは早いもので今年で九期目を迎えます、私たちの葡萄からつくられた、二〇〇八年から二〇一一年のワインはわが家のワインセラーで熟成中です。二〇一二年ヴィンテージは国産ワインコンクールで奨励賞を受賞しました。今後は会社の醸造部門等の指導を受けながら葡萄の品質向上に努めて銀賞、金賞の受賞、そして私たちの葡萄からつくられたワインが、市場に羽ばたく日を夢みています。

作業日は月に二回程度ですが、百貨店の仕事は土曜日・日曜日が多く、スキー場も土曜日・日曜日が書入れ時で、参加できない日が結構あります。とくにその年の作業のスタート、ワインの基本設計ともいえる冬の剪定には三回しか参加できていません。一番むずかしく、何とも悩ましい作業です。今後は何とか参加日数を増やしたいと思っています。「好きな作業?」は芽かきです。持ち帰り、天ぷらでいただきます。メルローとカベルネ・ソーヴィニヨンでは味が違うような気がします。

葡萄の花を初めて見たときの感動は忘れられません。それぞれの季節の表情を見せる葡萄の木、枝、葉——。毎年の収穫の喜びはひとしおで、自然の生命力、営みを感じます。鳥居平の葡萄畑から望む甲府盆地、南アルプスの山々の景色は美しく、見応えがあります。

葡萄品種構成の変化による新しい知識、何よりも天候に左右される作業方法など、赤松さんの妥協のない作業指示はワインづくりが農業であることを実感させてくれます。作業だけではなく、暑気払い、忘年会などは大いに盛り上がる楽しい宴で、ワイン飲用量は毎回一人あたり一本を超えるようです。メンバー同士のマリアージュは三組を超えました。私も茶飲み友だちならぬ、ワインの飲み友だちが増えました。〈ワイン〉〈和飲〉〈輪飲〉〈話飲〉の力は偉大です。今後とも「卒業のない学びの場」として参加したいと思っています。ここ数年のグレイスワイン「中央葡萄酒社」は世界展開、数多くのコンクール受賞など、目覚ましいものがあります。さらなる発展をお祈りするとともに、「グレイス鳥居平栽培クラブ」は「陰の力」で支える最強の「グレイスワインファンクラブ」でありたいものです。

毎回が感動と発見の連続

松井ゆみ（鳥居平一期）
内勤事務。一九九六年〜一九九八年、都内ワインスクールで学ぶ。千葉県浦安市在住。

週末は山梨にいます。ＪＲ東日本の数年前のキャッチコピーのような生活をして九年目になります。社会人になってすぐからワインには親しんできましたが、ぶどうの栽培についてはそれほど興味があったわけではありません。日本ワイン好きの夫に誘われて軽い気持ちで参加を決めました。

ところが、入会後すぐに「栽培クラブ」は私にとってなくてはならない大きな存在となりました。私が予想していたのは「体験ツアー」のような栽培の一部を体験するものでした。ところが、第一回目の作業時に赤松さんより、ほとんどの運営を私たちクラブのメンバーに任されていることや、このクラブの目指すところなどの説明を聞き、感銘を受けました。

「自分たちがしっかりやらなければぶどうの木はちゃんと育たない、ワインもできない。とにかくやらなきゃ！」――。そう覚悟を決めました。最初の数カ月はわからないことだらけで、ひたすら作業。いま考えると、楽しさよりもやらなければならないという感覚が強かったように思います。それでもやっているときの緊張感、やり終えたときの達成感は何ものにも代えがたいものがあります。

畑からの帰りの中央線では夫とその日の作業のあれこれを振り返り、議論しました。剪定の方法、誘引のやり方、粒抜き作業など……。そのうち、畑の仲間たちも増え、作業後には駅前の「銀月食堂」でビールやワインを飲みながらの「作業の反省会」。このころから、作業に来るのがとても楽しくなりました。「同じ釜の飯」ではないですが、同じ樽のワインを飲んだ仲。仕事も年齢もさまざまだけど、栽培のことでどんどん話が盛り上がります。「反省会」にまつわるエピソードをあげたらきりがありません。

この仲間たちとの「出会い」は、私にとってとても大きな宝物です。それからぶどう畑が見せてくれる四季折々の姿も栽培クラブの魅力のひとつです。八年目の今でも飽きることはありません。毎回が感動と発見の連続です。

初めて見たヴェレゾン期のぶどう畑には感激しました。前回の作業では緑一色だったのが、薄桃色、紅、藤色、紫などさまざまな色に変化し、朝日に透ける様子は宝石よりもずっと、ずっと美しいです。ぶどうってこんな風に色づいていくなんて、畑に来なければ知らなかった。カベルネの葉っぱとメルロの葉っぱは「切れ込み」の深さが違うことも、畑に来て発見したこと。また、ぶどうの芽がまだ小さいときはバラのようにかわいらしいし、梅雨ごろに咲くぶどうの花は小さくて可憐だけど、凛として透き通るような香がすること。初夏のぐんぐん伸びる新梢には元気をいっぱいもらいます。

畑へ行くためには朝五時前に起きなくてはなりません。片道三時間半の距離も体力的に厳しいです。また、真夏は四〇度近い気温の中の作業のため、何度か軽い熱中症になりかけました。それでも畑での体験や仲間たちとの「ふれあい」を求めて通っています。

栽培クラブに入会した二〇〇七年はちょうど結婚一〇周年。秋には休暇をとってヨーロッパに行く予定でしたが、夏から秋にかけてはぶどうの手入れから収穫までの一番大切な時期と知り、旅行をキャンセル。

休暇は作業や収穫の前後の勝沼や甲府の宿泊に使いました。一年後、気がついたのですが、休暇だけでなく、旅行用の貯金も山梨通いに使ってしまったみたいです。でも、後悔していません。それぐらい私にとって魅力のあるクラブなのです。

ワインは農作物

松井利公（鳥居平一期）

千葉県浦安市在住。職業は金融系の会社で、システム関連に従事している。

一九九四年ごろから本格的にワインを飲み始め、チーズやワインのスクールに通いながら一九九六年創設されたワインエキスパートの第一期に合格。一九九七年にワインスクールにて麻井宇介氏の講義を継続的に受けたことを契機に、国産ワインの現状と魅力を知る。

ワインを飲み始めた当初はワイン会やレストランでの食事に熱心で、どちらかというとワインをブランドで選び、あたかも工業製品のように認識していた。栽培クラブに出会ってからはワインは「農作物」と感じるようになり、ワイナリーや葡萄生産者の苦労を考えると、飲み残しを捨てることなどできなくなっていった。

二〇〇七年冬に、中央葡萄酒が募集した剪定体験企画に参加したことがきっかけで「グレイス栽培クラブ」と出会う。この企画はいわゆる顧客サービス的要素が多く、駅からの送迎があるうえ、ワインや食事も提供され、ずいぶんと快適だった。情けないことに、そのときは栽培に対する興味より、食事のメニューである「ほうとう」に魅力を感じての参加だった。そのすぐ後、剪定だけにとどまらず、通年を通して作業を学べる栽培クラブの案内を受け取り、「なんだか楽しそうだ」と、深く考えずに入会した。そしてその考えは「甘い！」、ということを嫌というほど思い知らされることになった。

初めての作業日、主催する赤松氏の説明で、栽培クラブは会社（中央葡萄酒）からのサービスは受けられず、畑までのアクセスや昼食などはすべて自分たちで賄うことを知らされ、ショックを受ける。当時、赤松氏は無口な「鬼軍曹」のようで、いつも腕を組み仁王立ち状態で、とにかく怖かった。

ディズニーランドのある舞浜駅から始発に近い電車に乗り、各駅停車の中央線を乗り継ぎ、勝沼ぶどう郷駅に到着するころにはそれだけで疲労感を伴っていた。作業もつらく、説明された作業をひたすらよくわからないまま何とかこなしていた。黙々と作業してはまっすぐ千葉に帰るだけの繰り返しであり、貴重な休日を潰してまで通い続けるべきなのか、真剣に悩んだりもした。それでも作業していく過程で、葡萄の成長を目のあたりにし、前回まで自分たちが実施した作業が現在の結果に深く関わりがあることを知り、一つ一つの工程の意味を学んでいくうちに徐々に楽しくなっていった。

その年の秋に、中央葡萄酒の収穫祭に合わせて明野の「ふれあいの里」のバンガローを利用した初めての合宿があり、そのさい大雨の中バーベーキューを一致協力して完遂、ワインを皆で浴びるように飲んだ。何かが弾けるようにメンバー間で急速に打ちとけ、深夜まで栽培の話しで盛り上がった。

以来、汗だくの作業後は仲間と共に、勝沼ぶどう郷駅前の唯一の食堂「銀月」にて生ビールで喉を潤し、一升瓶ワインを堪能してから帰宅するのが通例となり、その日の作業の反省談義に花を咲かせるようになった。今でも「銀月」は心の拠り所であり、まるで親戚の家に遊びに行くようにくつろがさせていただいていて感謝にたえない。

このころから作業に来るのが楽しみになり、ついに感激すべき初めての収穫を迎えた。ちょうど収穫当日、勝沼のぶどう祭りが行なわれていて、名所である祝橋のたもとから鳥居焼越しに夜空に上がる花火を見上げた。その光景があまりに印象的で、「頑張ってこれからも栽培クラブを続けていこう」と誓ったことを覚えている。

栽培クラブは発足時、赤松氏による構想の全体骨子はあったものの、詳細は自分たちで作り上げていく必要があった。車で通うメンバーは駅からの送迎を積極的に買って出てくれ、テントなどは早めに着いたメンバーがいつの間にか設営するようになった。受付や会計、写真撮影、宴会の幹事など自主的に分担し、活動が円滑に進むよう協力し合う体制が自然と出来あがっていった。

一方、クラブ運営についてはお互いに意見交換し合い、いいと思ったものは随時提案した。班編成の試み、個人ロッカーの設置、ＳＮＳによる情報共有、ホワイトボードの活用、渋滞を避けるための作業時刻のシフト、日曜日の畑への弁当の配達についての業者と折衝など、さまざまな分野で改善を重ねていった。その結果、与えられた組織というよりも「自分たちのクラブだ！」という意識をもつメンバーも多くなり、継続参加が増えていったように思われる。

ワイン好きな人は変わった人が比較的多い。ましてや栽培まで携わろうとする人は個性的なキャラクターの持ち主が多く、わがままで、ときどき面倒くさい。ていねいに作業する人とスピードを重視する人。おしゃべりな人と寡黙な人。器用な人と不器用な人――。いろんな人が集まっているので、最初は作業の進捗がバラバラとなり、時間までに終わらないケースや、品質のバラツキが大きいところが発生した。これらの問題を解消すべく班制度にしてみたら、今度は班長の個性が強く出すぎてさらにバラバラ感が発生。毎回班のメンバーをシャッフルすることで解消することになったものの、多少の課題は今も残る。

一番苦労している点は「暑さ」対策だ。夏場畑の温度は四〇度を軽く超える。地元の農家の方は、夏の時期は朝晩の涼しい時間帯に作業し、昼間は休憩ということが多い。ところが、われわれは日中が唯一の作業時間である。フラフラになりながら、午後は「早く終わらないかな」と思うものの、赤松氏から容赦なく時間ギリギリまで指示が飛ぶ。

それから「トイレ」が無いことが不便である。熱中症対策に水分を多くとるとトイレが心配で、加減がむずかしい。そのようなわけで、いつも地元の浦安ではなく「勝沼」の週間天気予報を気にしながら過ごしている。

よく、周囲から「日当は出るの?」「ワインは何本もらえるの?」という質問を受ける。日当が出るところか交通費も自腹で、さらに会費を払って作業している旨の回答をすると首をかしげられる。そういう場合は、「日曜日の早朝に多摩川に集まってくる草野球好きのお父さんのようなものだ」と説明することにしている。何か利益を求めて参加しているのではないからだ。

一年を通じて葡萄が実る過程を楽しみ、それがワインの原料になることに喜びを感じて、ただひたすら今まで通ってきたのが実態であり、これからも変わらないと思う。

かけがえのない仲間たち

細野百子（鳥居平一期）

仕事と趣味の旅行でこれまで二三カ国を訪問。WSET 認定 Advanced Certificate ／ Society of Wine Educators 認定 Certified Specialist of Wine ／日本ソムリエ協会認定シニアワインエキスパート。最近はワインの楽しさをわかりやすく伝えるため、ワインのフードペアリングを探求中。

二〇〇七年にスタートした第一期グレイス栽培クラブ（のちに「鳥居平栽培クラブ」）に参加してから八年になります。二十代前半からワインに親しみ、世界各地のワインを飲むに従い、ワインの味わいだけでなく、背景、ワインを取りまく人々、歴史・文化などに深く興味を持つようになりました。とくに畑への思いが強くなったのは、生産者から「良いワインをつくるには良いブドウをつくること」と繰り返し聞いたからです。いつか世界のどこかでブドウづくりと向き合ってみたいと漠然と考えていたところ、日本の「勝沼」で、それも収穫だけでなく、年間を通じて栽培に携わる機会に出会いました。

学生時代からスキーをしていたので新潟や北海道の国産ワインをよく飲んでいましたが、日本のワイナリーや日本の農業は敷居が高いイメージがありました。栽培クラブも実際は体験レベルではないかと思いましたが、参加してみるとうれしいことに、本格的な栽培全体に関わるものでした。

栽培クラブで、その時々のぶどうの成長を見ながらの畑の手入れをすることは、想像以上に楽しいことでした。遠いと思っていた勝沼がどんどん近く感じられ、三年目には栽培作業以外にも山梨を訪れ、山梨県年間滞在日数は三〇日を超えていました。

畑では多くのことを経験しました。天候によるヴィンテージ違いについては、栽培に関わらなければ身を以て知ることもなかったと思います。収穫は「最高の喜び」ですが、収穫のタイミングがたった一週間の違いで、悲しいほど実を落とした（畑での選果）収穫もありました。病気が蔓延して、毎週のように手入れに通った八月もありました。それらを通じて、自然と対峙する農家さんや栽培家（ワインメーカー）への敬意が生まれ、いかなるヴィンテージでもその特徴を見極め、飲み方を工夫することがワインの楽しみと思えるようになりました。

また、もし栽培クラブに参加していなかったら出会えなかった仲間ができたことも、かけがえのない宝物です。さまざまなバックグラウンドをもつ方々と畑だけでなく、ふだんワインをご一緒する機会も増えました。

これからも飲み手として世界中のワインを探求し、ワインがつなぐ縁を大切にしていくとともに、日本ワイン（業界）に何らか貢献できればと考えています。Think globally, act locally.

ワイン遍歴と夢

氷見啓明・泰子（鳥居平一期）

啓明は半導体エンジニア、泰子は事務職として愛知県の自動車関連会社在職中に栽培クラブに参加する。啓明つくば出向を経て、出向先にて再就職、現在に至る。泰子とともに、茨城県守谷市在住。他に二人とも能楽、チェロを趣味とする。

「ソムリエ直伝ワイン講座」でワインへの魅力をいっそう深め、ワイン遍歴を始めたちょうどその頃、グレイス栽培クラブの参加者募集があった。一九九五年ころ自主企画「山梨のワイナリー巡り」で訪れて以来、中央葡萄酒のワインは愛飲していたので、主人は何の躊躇もなく申し込んだ。日本のワインづくりのリーダーから実地に教わるワイン用葡萄栽培活動に参加できること、しかも垣根作りであることがとても魅力的だった。

初年度は十一時開始で、十六時までの作業だった。赤松さんのミニ講義を聴いたあと、作業を開始する。一人一列を担当したので、ただ黙々と作業をした。午後になり、疲れてくるとだんだん集中力が無くなり、作業がおざなりになるのがわかった。会員同士の交流がほとんどなく、ただ挨拶して、作業終了と同時に解散し、ひたすら名古屋まで車で帰った。途中眠くて仮眠をとりながらの帰路であった。遠いけれど渋滞がないのが救いであった。名古屋からの往路は三時間半、帰路は四時間半くらいかけた。それでも二月の大雪までは出席率がトップであった。

秋、収穫祭のあと、栽培クラブのはじめての「懇親会」は、急に降り出した大雨のなかのＢＢＱ——。「雨降って地固まる」の通り、参加者同志が一気に打ち解けた。そのとき食べた焼きそばの味は格別であった。「プロの料理人がいる！」と話題になった。調理したのは、いまや栽培クラブのＢＢＱではなくてはならない存在となった赤坂『まるしげ』の小久保さんだった。それ以降、畑作業は和気あいあいの賑やかなものになった。

初めての収穫はメルロー。二日前の大雨で房はぷくぷく。何も知らない私たちは、その美しく大きな房と、その収穫量に心も踊った。が、収穫の遅いカベルネ、プティベルドなどは、雨にあたり、病果が発生し、房を半分も切り落とすなど、悲惨な状態であったことも衝撃だった。そしてより良いワインにするための試みとして行なった手除梗。美味しいワインづくりには「こんな作業も必要なのか」と驚き、すべてが初体験で面白かった。

十一月中ごろ、主人は施肥のため一人電車で出かけた。牛糞撒きで鼻の孔まで埃まみれになって帰ってきた。冷静に考えてみれば、往復の電車賃は二万円。それまでの高速料金だって割引前であった。兄に笑われた。「何を思って山梨くんだりまで行くんだ！　愛知県でも葡萄畑はあるじゃないか！」と。しかし将来ワイナリーをやりたいという夢を抱いていた主人の決意は揺るぎなく、私はそれについて行くこととなった。

三年目、クラブで収穫した葡萄がワインとなった。それから毎年私たちが育てた葡萄から出来る鳥居平のワインが楽しみになった。そしてだんだん欲が出て、栽培クラブのワインをとの思いがメンバーのなかで高まった。三澤社長も彩奈さんも私たちの思いを汲み取っていただけるようになった。

今年で九年目の栽培クラブの活動は、すでに私たちの生活の一部となっている。葡萄栽培の魅力もさることながら、同じ目的を持つメンバー同志の交流がとても温かい。加えて、この活動がはからずも一つのビジネスモデルとして山梨県の高齢化、後継者不足に悩む葡萄栽培関係者へ影響を与えていると聞くにつけ、誇りにさえ感じている。四年前、主人はつくば学園都市勤務になった。環境が変わり日々忙しいなかで、フル参加は厳しいまでも、この活動への参加は私達の重要な栄養剤になっている。

一方、畑作業はというと、毎年お天気に左右され、その都度赤松師匠の方針に従って作業を進め、良い葡萄づくりに励むことができたと思っている。

七年目。担当畑が減り、加えて生育が極端に悪く、毎回半日で作業が終わってしまい、何となく手持ち無沙汰になった。士気が下がったようでもあった。それでも赤松師匠の指導のもと、量よりも質に重点を置いた甲斐あって、収穫時の品質は良かった。

さらに八年目の深沢畑。勝沼の地で甲州栽培に取り組むことは、大いに魅力であった。しかし、深沢は山の斜面にあり、かつ棚作り。作業はアメリカセンダン草との闘いで、思いのほか手間が掛かることとなった。加えて葡萄の生育は著しく良好であり、鳥居平では七年目の倍以上の手間がかかった。収穫期になって、鳥居平畑の手入れが十分できていなかった場面もあったように思われた。

一〇年で一つの歴史がつくられる。鳥居平栽培クラブも平成二十八年で一〇年目を迎える。赤松師匠の指導のもとに毎年いろんなテーマを持って取り組んできた葡萄栽培。世間からの評価に加え、中央葡萄酒経営陣の栽培クラブに寄せる思いも確認できた。グレイス栽培クラブは、日本ワインコンテストで評価されるワインをつくるための、より良き葡萄をつくることを大目標にして活動していけたらうれしい。

一方、新会員を迎えていない年が何年も続いて、少し新鮮さ、緊張感に欠け、かつてご指導いただいた内容も、いつの間にか「思い違い」をしていることもあるようだ。ここで、一〇年目の目標を再認識し、もう一度学び直し、緊張感を取り戻し、活気を呈した栽培クラブであり続けて欲しい。啓明の「ワイナリーをやりたい」という夢はなかなか現実味を帯びてこないが、この栽培クラブに継続参加することで、一人では実現できない夢を見続けることができればうれしい。

ワインライフと子どもの成長

吉澤由浩・慶亮・諒亮（鳥居平一期・一期・七期）

一期生・吉澤由浩（父）

農作業を共に過ごした大切な時間

私は外資系ＩＴ企業のシステムエンジニアで、ここ一〇年ほどはアメリカ出張のおりにカリフォルニアのワイナリーに立ち寄ることができる環境に恵まれています。庭仕事にも興味があった私は、ワインを飲むだけでは飽き足らず、ワイナリーで試食したワイン用ブドウのタネを家のわずかな庭部分に植え、その成長する様子を楽しんでいました。そんな折、二〇〇七年に幸運にも本物のワイナリーで一年間のブドウ栽培に携わることができる機会に出会い、迷わず飛びつきました。

私は第一期の初日から当時九歳（小学校三年生）であった長男と共に参加してきましたが、その理由は「この活動で出来あがったワインを将来長男と一緒に楽しめたら」と考えたからです。ワインは長期保存が可能なお酒であることから、自分の子供の生まれ年のワインを購入しておき、成人のお祝いに一緒に飲むということを考える人は多いと思いますが、栽培クラブでは単なる収穫時の手伝いだけではなく、実際に自分が一年間栽培に携わったワインを飲めるという利点を自分の子供にも活かせないかと、一一年後にどんな味になるのか半信半疑ながら、息子と二人での参加を始めました。

そのような背景から、私の栽培クラブ活動は「自身のワインライフ」と「長男の成長」という、二つの意味を持っています。自身としては、栽培技術が身についたおかげで、出張で時おり訪れるカリフォルニアのワイナリーで栽培家と対等に話せるようになったこと。とくにサンタバーバラにある Clos Pepe Estate の Wes Hagen 氏とは、訪問するたびに、「グレイス甲州」と Hagen 氏の「ピノノワール」を交換し合う関係が続いています。

若いころに高校の教師をしていた経歴を持つ Hagen 氏は、ワインと食事のペアリングにおいて「うまみ」や「繊細な味」を重視し、それをワイナリー訪問者にレクチャーする活動をしており、グレイス甲州をワイン業界関係者に振る舞い、そのコメントをブログで紹介してくれるほど、日本の味と甲州に理解を示してくれています。

長男は電車に乗ってちょっとした小旅行気分の小学校三年生から、中学で受験勉強が忙しくなるまでの六年間、正会員として大人に交じって作業を続けました。山々に囲まれる勝沼の景色の中で、ブドウの房の中にクワガタを見つけ、暗渠整備作業中にカニを見つけて喜ぶ姿は、子供が本来もっている「自然と関わり方」そのものだったのでしょう。

無事高校に合格し、久しぶりに栽培クラブの忘年会に参加して「仲間」に再会した長男が、その夜に自ら「クラブに復帰する」と言い出し、兄のあとを継ぐように二年前より参加していた六歳年下の次男を加えて、二〇一五年からは三人で活動をすることに。

八年の間に身長が四〇センチ近く伸び、すっかり大人びてファッションに興味をもった長男が、山梨のブドウ農家の高齢化の話を聞き、「ワインはおしゃれな飲みものなのだから、農業にファッションを加えたら若い人の興味を引くのでは」といい、高校のテーマ研究（大学における卒業研究に相当）の題材にしようとしているという事実は、子供の頃から大人に交じって同じ農作業をして過ごした時間の大切さを教えてくれているような気がします。

赤松さんの剪定指導を、「高校生になった今なら説明の内容と作業の意図がわかる」と、次男と二人で一緒に考えながら実践する姿は頼もしいものです。

栽培クラブの皆と長男が初ビンテージである二〇〇七年の記念ワインで乾杯できる日まであと三年、そして次男はさらにその先六年、その日をとても待ち遠しく思います。

「ファッションと農業」をテーマに

一期生・慶亮（長男）

ぼくは九歳の時に、父に連れられて栽培クラブに参加しました。赤松さんのミニセミナーの内容はほとんどわかりませんでしたが、作業をしていくうちに、自分なりにだんだん上手くいくようになることが面白かったこと、大人の人たちが腰に収穫バサミ、剪定バサミ、ノコギリ、テープナーなど、いろいろな道具をぶら下げていて格好よく見えたこと（仮面ライダーの武器のようで）、作業をするのに道具を使い分けて図工の時間のようだったこと、たった一人の子供だったので皆がかわいがって声を掛けてくれたこと、などが記憶に残っています。

ひとつだけ覚えているのは、「ブドウの実を鳥やキツネが食べて、そのフンで生育範囲を広げていく話」が物語のように面白かったことです。中学に入ってからは部活や高校受験で参加回数が少なくなり、休会をしました。そして高校に入ってからの冬、父に誘われて栽培クラブの「忘年会」に参加しました。皆に、「大きくなったね」と驚かれましたが、自分にはそんな認識がなかったので、逆に驚きでした。

当時は、赤松さん以外はふつうの大人の集まりだと思っていたのですが、いろいろな職業の、すごい経歴の人たちの集まりだったことを知り、驚いたと同時に、そんな環境にいた自分を何だか誇らしく思いました。忘年会の終盤になって、今後の活動の話のなかで、山梨のブドウ農家の高齢化、後継者問題の話がありました。その話を聞いたとき、なぜか自分も真剣に考えてみようと思いました。そして、その日の夜、栽培クラブに復帰することを決めました。

ぼくの高校には大学の卒業論文にあたる「テーマ研究」という制度があります。興味のある「ファッション」を題材に研究することを決めていますが、「ファッションと農業」を結びつけられないかと考え始めました。ただし、それにはワイン用ブドウ栽培ならではの条件が付くと思います。

真冬の剪定から始まり、梅雨の誘引作業、猛暑記録をもつ勝沼の真夏の摘芯と病果摘粒、寒さを感じる早朝からの収穫、秋風の中での施肥、四季それぞれの服装を考えること。雨が降っても、刺すような日差しでも、汗だくになっても、寒風の中でも作業が可能な工夫。いろいろな道具を装備できる機能性——。これらの条件を「服の用途」にして、そこに「ファッション性」を落とし込めないか。これからの栽培クラブ活動の中で、このようなことも考えていこうと思います。

「鉄腕！ ＤＡＳＨ」みたい

七期生・諒亮（次男）

ぼくは兄が高校受験の準備で栽培クラブに参加できなくなってから、父といっしょに参加するようになりました。兄と同じで、九歳（小学校四年生）からの参加です。最初は、父と兄がどこかに出かけている感じにしか思っていなかったけれども、実際に自分が行ってみると、とても楽しいです。

ずっと作業ばかりするのではなく、食事会やバーベキューパーティがあって楽しいし、ワインが飲めなくても、クイズ大会や出し物があっておもしろいです。

鳥居平の栽培クラブには子供がいなくて、大人の人たちと作業しているけれども、みんな優しくしてくれます。午後も作業がある日は畑でお弁当を食べますが、夏に温度計が四一度になったときはびっくりしました。作業でおもしろいと思うことは、ブドウの木は切っても切っても成長して元と同じような形に戻ること、深澤の甲州畑は急斜面やトロッコがあってテレビの「鉄腕！ ＤＡＳＨ」みたいになっていることです。深澤では、鹿がブドウのやわらかい芽を食べていたりしていて、そういうところが山でしか体験できないことでおもしろいです。大変だなと思うことは、朝六時前に起きて、七時に電車に乗って山梨まで行くことです。

今年になって栽培クラブに復帰した兄は、父とむずかしい話をしながら作業していて、長くやっていると、いろいろわかってくるのかなと思いました。

二十歳になったら、自分もワインを飲めるようになっておいしいと感じるかなと思います。

栽培クラブをきっかけに結婚

中嶋将人（鳥居平二期）
仕事は国家公務員で、二〇一〇年四月から転勤により甲府市在住。

栽培クラブの参加は二〇〇八年五月からで、参加当初から二年間は前任地である長野県上田市より通っていた。ワインを飲む前は日本酒にハマっていたが、日本酒に飽きてワインに興味を持ち始めた。そんな折り二〇〇七年二月、鳥居平畑の剪定体験に参加し、ワインを飲むなら原料であるブドウづくりからできればいいなと考え、年間を通して畑でのブドウ栽培をしたいと思った。

剪定体験当時は鳥居平畑のある甲州市勝沼からほど近い東京の八王子市に居住していたが、同年四月に長野に転勤となり、発足したばかりの栽培クラブへの参加は見送った。翌年には職場での仕事が慣れ、生活が落ち着いたことから、栽培クラブ発足から二年目にして、ようやくブドウ栽培作業に携わることができた。

参加したてのころ、指導者である赤松さんの講義を聞き逃すまい、実技を見逃すまいと必死で、一年目はすべてが初めてのことで、作業内容がなかなか理解できなかったが、翌年からは年間通して一度経験し、ようやく栽培の流れと内容を理解できつつあった。

じつは、人生の伴侶を栽培クラブがキッカケで得ることができた。嫁探しのために栽培クラブに入ったわけではないが、畑作業以外に栽培クラブメンバー同士の懇親会が多く、アルコールが入ることでより親密になり、結果としてメンバーの一人である妻と二〇一一年三月に結婚するに至った。

同年十二月に結婚パーティーを開催し、参加者が全員栽培クラブのメンバーで、お互いが全員知り合いであり、盛大に祝福していただき、参加者から「パーティーが素晴らしかった」といっていただいたことは大変うれしかった。

このように作業だけでなく、懇親会を行ない、栽培クラブメンバー同士の交流が楽しみで、また作業に参加したくなるという循環により、ここまで栽培クラブの活動が継続しているのではないかと思われる。

愛しい葡萄の成長

副田美恵子（鳥居平二期）

自分は大卒で、以前はＩＴ関係の仕事に従事していました。今は専業主婦（遊んで暮らす毎日）夫の仕事の関係でシンガポールに滞在。オーストラリアが地理的に近く、シンガポールにはオーストラリアのワインがたくさん出回っており、そのワイン生産地を何度か旅行し、ワイナリーめぐりに興味を持ちました。帰国後、知人に「ぶどうの丘」を教えてもらい、勝沼のワイナリーめぐりをしました。そのとき、グレイスで行なわれるイベントを紹介され参加。

ワインをつくるという企画に、「楽しそうだな」と軽い気持ちで夫婦で参加しました。夫婦で参加している人が結構いたのも参加しやすかったです。

勝沼は、自宅から電車に乗って一時間半くらいと利便性がよく、通いやすいのがよかった。

初年度は何をしているのかもあまり理解できずに、収穫を楽しみに毎月参加している感じでした。いまだに技術的なことは進歩しておらず、何年たっても聞くことが多くて「いいのかな」と思いつつも、自分のペースで参加させてもらっています。

気心が知れた仲間に会えること、暑い、寒い、よくわからないとグチをいい、虫や雑草と格闘しつつも、日々変わる葡萄の成長に愛しさを感じています。またその後の、飲み会での反省会（?）も楽しみの一つです。交通費を払い、会費を払い、その報酬（?）が「一本のワインをもらうこと」と人にいうと、「何が楽しいの?」といわれることもあるのです（笑）。

こればかりは参加してみないとわからないのです。葡萄の成長とともに一年を過ごすことに喜びを感じ、勝沼駅に降りるたびに季節の変化を感じ取れることがいいのです。

友人たちを勝沼のワイナリーめぐりと、畑の案内に連れて行ったのですが、すごく喜ばれて「また行きたい」といわれました。これも作業のあとに勝沼を散策して、情報を蓄えてきた結果だと思います。

強力なリーダーと、本当に個性的なメンバーに出会えたことに感謝です。楽しい仲間たちに会うことができて本当によかった。いつか皆が満足できるワインがつくりたいですね。

多様なバックボーンを持つ人たちとのふれあい

中島靖夫（鳥居平二期）

一九八三年、大学の工学部を卒業後、医療機器メーカーに入社しました。生産技術の射出成形や金型に関する技術が専門です。

子会社があるベルギーや、取引業者があるイタリア・スイスなどでワインに興味を持ちました。高校卒業まで山梨市牧丘町で育ち、葡萄酒は身近な存在だったため、勝沼のワインをぜひベルギーに紹介しようと思い、一九九八年に中央葡萄酒の白ワインをお土産に渡欧しました。お世辞は含んでいたとはいえ、大好評だったと記憶しています。そんな縁もあり、栽培クラブを知ったときには、妻とともにすぐ入会することにしました。

多様なバックボーンを持つ人たちとのふれあいは、仕事上や居住地のコミュニティーとは違った面白みがあります。栽培の技術的向上による自身の成長が実感できることと、こういった仲間から与えられる刺激、新たな価値観や情報により知識が深まることも継続して会に参加する理由だと感じています。

一年目の二〇〇八年は、妻と一緒の活動でした。子供から手が離れていたとはいえ、共稼ぎの夫婦にとって週末の貴重な時間を割くことがむずかしく、妻は一年で退会しました。私は、ここ数年、高齢の両親が営む巨峰栽培を週末手伝っており、会への参加回数が減っている状況です。

満を持して出品した二〇一四年の国産ワインコンクールは入賞こそ逃しましたが、大きくモチベーションアップにつながっています。また、店頭で栽培クラブを紹介したラベルを貼ったワインが見られるようになったことも、大きな喜びです。会の活動でネガティブなことを感じたことはありません。

自分たちの価値を育成向上し、その結果として良いワインができ、それを自分たち自身が購入し、さらに価値を高める活動を行なっている点がユニークです。栽培クラブのメンバーは、ワインに特別なこだわりがあり、とくに栽培者や醸造者の「物語」が見えるのにも強く惹かれます。その中に自分たちが加わることは、この上ない喜びになります。ブドウ栽培と一緒に物語も作っていると感じています。

二〇一五年度で九期目を迎える鳥居平栽培クラブも、いま大きな曲がり角に来ています。昨年国産ワインコンクールで「奨励賞」をいただき、今後金賞受賞に向けて会をどう変えるのか、あるいは今のまま賞などの結果にはこだわらず、粛々と栽培技術向上に励んでいくのか、意見が分かれるところです。

われわれの強みは、さまざまなバックボーンの人たちの多彩な知識や人脈、それと鳥居平会員だけで七〇名を超える人数のもつ作業ポテンシャルだと思います。これらを活かして会の進む方向のベクトルを合わせていけば、大きな目標達成も可能だと信じています。まだまだワクワクしながら会に参加するのは、私だけではないでしょう。

畑はいつも変わらずそこにある

北野一仁・美穂子（鳥居平二期）

一仁＝職業、二輪車エンジン開発。　美穂子＝職業、自動車販売業事務。

私は就職して二〇年あまり、年齢も四十代半ばになり、ちょうど何か新しいことをやってみたいなと考え始めたころでした。何度目かに立ち寄った中央葡萄酒で、ふと手にした「グレイスワイン通信 Vol.32」で、「あなたの力でブドウを育てワインになるまで見届けませんか」という、何とも魅力的な会員募集記事を読んだ瞬間、躊躇なく参加を決め、またそのころ母親を亡くし、いろいろなことがやっとひと段落したたばかりの妻も気分転換になればと一緒に誘いました。

最初の作業は「芽欠き」でした。まず赤松さんからのブドウ栽培に関する講義を聴いてから畑に出るのですが、好奇心をくすぐる期待通りの内容で、何か特別なことを経験しているという充実感に満たされました。その時から朝四時起き、往復三四〇キロの勝沼通いが始まりました。

開花、結実、肥大、ベレーゾンと、畑は行くたびに違う表情を見せ、講義では、ブドウには花びらがない、新梢にしか房は付かない、一房を成熟させるには葉が八〜一〇枚必要、開花から一〇〇日で収穫、などなど植物の生命力や新しい知識に毎回感心している間に気がつけば収穫を迎えていました。続く仕込みでは「手除梗」選果も経験し、自分たちが育てたブドウだけに色の赤い粒を捨てるのが忍びなかったことを覚えています。

その後、施肥、剪定、結果母枝誘引と、一年目のサイクルが過ぎました。とくに「剪定」では次の収穫だけでなく、先々までを左右するという緊張感がたまりませんでした。ただ妻にとっては、最初の一年は季節ごとの畑の美しさには心を動かされつつも、まだ母を亡くした喪失感を埋められず、また父親の仕事を手伝ってがむしゃらに働いてきた年月に行きづまりを感じていたようです。

二年目、二〇〇九年は天候に恵まれ良いブドウが収穫されたのですが、私自身は少し気を抜いてしまったため、深く関われなかったことをとても後悔しました。そして、それ以後は皆勤を目標に参加してきました。

それからあっという間に五年が過ぎました。私たちにとって当初はワインづくりに関わるという特別感が原動力でしたが、いまでは、少しくらいミスをしても動じることのない懐の深さ、しかし少しでも手を抜くと容赦なく結果に表れる厳格さ、さらにいくら手を入れても気象条件ひとつで努力が無になってしまう人事の無力さ、また毎年同じサイクルの繰り返しではあるけれども、一年として同じ経過をたどる年などない自然の多様な面を身にしみて感じられることが一番の魅力と思うようになりました。

個性あふれるメンバーの皆さんをはじめ、赤松さん、社長や彩奈さんのそれぞれの目標に向かって生きるひたむきな姿に刺激を受け、それまで限られた世界で悩んでいた妻も、少しずつですが、元気になっていきました。畑はいつも変わらずにそこにあって私たちを迎え入れてくれます。グレイス栽培クラブの活動ではさまざまな世界に目を向けるきっかけになり、ワイン好きだったことで出会えたこのクラブの存在をとてもありがたいものだと思っています。

ただ参加も八年目になり、暑さ寒さが身にこたえるような年齢になってきました。限られた作業時間では体もなかなか慣れず、気持ちを日常から畑に切り替えるにもエネルギーを要します。自然と向き合うということは自分の体とも向き合うことだと、ひしひしと感じるようになりました。この先、あと何度収穫に立ち会えるかわかりませんが、私たちはこれからも体力が続く限り通い続けたいと思っています。

毛糸球のような人間関係

黒田孝次（鳥居平二期）

「くろちょう」は男性で六十二歳。東京千代田区霞ヶ関にある会社の社長をしています。平日は霞ヶ関でお仕事、週末は山梨のぶどう畑にいるか、東京湾、相模湾でセーリングをしています。ゆえあって、八年前に甲府で単身赴任をしていましたが、ある日、栽培クラブの募集が中央葡萄酒のＨＰに掲載されていることに気づき、これは山梨県の多くの友人を得るまたとない機会と応募して栽培クラブ二期生となりました。

参加して驚いたのは、そのほとんどの会員は県外の人で、東京・神奈川・埼玉・千葉の都市圏、さらには愛知、はるかな沖縄県にまで……。

葡萄栽培とは３Ｋの農作業そのものとは知りませんでした。草刈や、溝さらい、鶏糞や牛糞肥料の散布などなどの、決してロマンチックでない作業もあり、服装も作業服に長靴が基本となりますし……。

さらに、山梨の後の名古屋勤務時代は、金曜日の夜に神奈川の自宅に戻り、土日の鳥居平での作業に出るのは何かと大変。家族に帰って顔を見せ、その翌日の早朝からいなくなるのです。この間、赤松師匠から作業予定の連絡を受けてトボトボと、家族に嫌みの一つもいわれて出かけるのです。

栽培クラブの仲間はちょっと変。年会費を払って、作業に六回以上参加したら二年後に栽培したそのぶどうでつくられた赤ワインを一本いただけるだけ。はるばるの距離から畑に来て、師匠の指示により農業して、自費負担の弁当を食べて、また作業。それでも何人も皆勤賞をいただくくらい畑にやってくるのです。「何が楽しくて畑に通っているのか」と聞かれても答えを持っている人はいないのではないでしょうか?

栽培クラブに仲間と八年もいますと、ぼんやりと職業などが見えてきますが、ぶどう栽培とは関係ないから自己紹介などは聞いたことがありませんし、仲間の背景はぼんやりとしか記憶に留めていません。仲間にもいろいろな感じの人がいて、こんな感じの人が多いということもいえないのですが、良いも悪いもそのまま仲間になっている、まったく飾らずにありのままで受け入れられている、自然にそこにいる――そんなファジーな人間関係ができているのです。

そんな中にちょっと異質な赤松師匠がいてなんとなくまとまっている。毛糸球のようなものですね。この毛糸球の中は糸と糸のふれあいが緩やかに絡まっている、そんな感じです。

日ごろの会社の勤務では社長としての役割があり、それには欠かせない社員との適切な距離があり、会社の文化の中で過ごしています。一方、栽培クラブでは同じ平面でのまったく平等なお付き合いであり、個々人との距離もほぼ一定、赤松師匠の弟子の一人であって、年齢・性別・学歴・職歴も何もかも関係ありません。いろいろな職業のひとがいて、まさに多士済々、しかし、一人ひとりが自然にそこにいる。しかし、一人でも誰も欠くことができない、これがよくて八年間も続いているのでしょう。

われら団塊世代――セカンドライフの選択

泉谷正（鳥居平二期）

サラリーマンを延々三八年間続けました。現在六十六歳。年金生活に入ったばかりで、栽培クラブでは最高齢者群に属します。社会に出て一度転職し、そのあとはメーカーや広告代理店の消費者調査を担うマーケティングリサーチの会社に属し、その後定年まで勤めました。

さまざまな商品やサービスが対象で、日々目先が変わり、好奇心を満たされたせいか、いわゆる趣味らしいものは持てずに過ごしてきました。酒は強くはありませんが、その酔い心地に勝てず、乱飲していました。サラリーマン後半にたどり着いたワインの香りと味わいに引かれ、五十代半ばころ「田崎ワイン教室」で習い、サンテミリオンのシャトー・ラ・ドミニクに出会いました。赤ワインの熟成とオーク樽の相性に感動したのを今も覚えています。

このままただの「のんべい」で終わりたくないという思いから、五十八の手習いでソムリエ協会のワインエキスパート認証を得るに至りました。このとき、どんな酒でもいい、どんなワインでもいいという思いから少し脱却したように思っています。

それまで仕事で団塊の世代へのマーケティング、シニアのセカンドライフといったテーマの渦中で揉まれていた私は、六十歳が迫り、第一前線から退くころ、当事者として「さて、どうするか」と自問していました。無謀にも自分でワインがつくれないかという思いに至るのですが、これはたまたま読んだ玉村豊男氏のワイナリーづくりまでの体験記に感化されたから、なのか、自分でもあとづけの理由だと思っています。恥ずかしながら、葡萄畑の見えるテラスで自分が育てたぶどうでつくったワインを飲んで、文字どおり酔っている自分の姿を夢想していたのでしょうか。

さて、山梨の北杜市に二反ほどの土地を得たものの、まずはぶどうのつくり方をどこかで学ばなければなりません。近くで「カルト」と呼ばれるワインをつくるO氏のもとに手伝いがてら、「栽培を教えてもらえないか」と人づてに頼みましたが、「年寄りはいらない」と断られました。あきらめず、ネットでも探しているうちに、現在の栽培クラブにあたる、中央葡萄酒のサイトでぶどう栽培の実習メンバーを募集していることを知りました。

この歳になれば、何か新しい集団に加わることはかなり勇気がいります。考え方や纏う衣に社会経験という垢やオリが溜まっているので、なかなか素直にとけ込めないものです。幸い栽培クラブの最初の説明会に出たとき、同年代のメンバーが数人いて、しかも指導者が同郷の大阪弁で語るやや年上だったこともあり、まずは気が楽になりました。

さらに、そのとき席で一緒だった同期の若い方がたは、ワインのことを含め情報通で、世話好きな好人物たちであったことも、新しい世界にすんなりとけ込めた理由だったでしょうか。彼らとは歳は大きく離れていますが、七年たった今も、いろんな場面で交流させていただいています。

実際のぶどう栽培は、土を耕し、種まき、水遣りというイメージをしていた植物の栽培とは大いに異なり、つる性のぶどう樹を支えるパイプ材が林立する畑の中で、水遣りはなし、芽掻きや誘引、摘芯、副梢とり、せっかく生育した枝をバッサリ落とす剪定など、植物の自然な成長に逆らうような驚くことばかりでした（毎回作業の前に簡単な講義があり、それぞれの意味は教えられてはいましたが）。

ぶどう栽培に限ったことではないかもしれませんが、収穫までの手入れには、じつにさまざまな周辺作業があります。雑草とり、誘引ワイヤーの張り直し、ワイヤーに残った枯れつる取り、誘引用のバインダーやクリップ外し、雨除けシート張り、その外しなどの作業の積み重ねで汗を流しました。これら作業を通して、「ボルドーの赤」しか眼中になかった私は次第に国内産のぶどう、国内ワイナリーのワインに馴染むようになるとともに、ワインの一滴をいとおしむようになりました。

栽培クラブを通じて得た知識、技を標高八〇〇メートルのわが小さな畑づくりに投下して、現在はほぼ五アールに高畝の垣根仕立てで約二四〇本のメルロー主体のワイン用ぶどう品種を育てるに至っています。が、剪定ひとつとっても、まず栽培クラブの作業で予習したのち自畑分を行なうといったように、独り立ちできないでいます。残念ながら、いまだ納得できる質、量の果実が収穫できていませんが、自分で苗から育てたぶどうで「マイワイン」をつくり、それを飲むのが夢となっています。うまくできれば得意になっておすそ分けもします（笑）。

思うに、国内では何度目かのワインブームとかで、近年、若い人たちへの就農支援として、ぶどう栽培、六次産業としてのワインづくりなど、各地で聞くようになってきました。少し体験したことがありますが、ワインの醸造工程は、シニアには少々敷居が高いかもしれません。その点、ぶどうの栽培は青空と太陽のもと、山野の緑ときれいな空気で癒されながら、適度な運動と頭の体操ができます。

我ら団塊世代、なんとか健康で年金をいただく年代となったいま、地震などの天災、ガン、放射能などより、人に迷惑をかける認知症になることを恐れています。レスベラトロールたっぷりの「マイワイン」をめざし葡萄畑で汗を流す――。いまさらながら、認知症予防にもよいセカンドライフの選択だと思っています。

「自己実現」――。

西郷克規（鳥居平二期）

栽培クラブへの参加理由は、年間を通して葡萄栽培を体験できるということ。数多（あまた）あるワイン本では、葡萄の一年など見開き二ページあるか無いかだ。当然、私の周りにも畑に通う人はいない。ワイン好きとしては、意外にも盲点か。そこに魅かれる。

ただ、私は腰が重い。そこで決め手となったのが参加条件。年間で最低四回参加すれば良いという。四季に合わせて行くイメージが湧く。栽培体験への興味とはトレードオフになるが仕方ない。行かないよりは良い。落としどころは見つけた。

しかし、実際は、その目論見がもろくも崩れることになる。

葡萄の育成は思いのほか早かった。作業も毎回違ってくる。毎回の参加はむずかしいが、ひとまず、月一回のペースを目安とした。年四回のつもりが、だ。そこは、もともとの興味に花をもたせることにする。

私は二期会員なので、これを書いている時点で早や七年。ずいぶんと続いている。

さて、勝手な視点となるが、ある程度の年齢以上になると、農作業に興味を持たれる方が増えるように感じる。私が会社勤めなので、そのなかでそう感じているだけかもしれない。

理由はいろいろあるにせよ、自らの手で物を育てることに魅かれるのだと思う。自然という力の及ばないものに左右されながらも、育んでいくと「収穫」という形が現れる。単純さが良いのかもしれない。プロセスは奥深すぎるが、そこにまた思い入れの余地ができる。

チープな考察はさておき、続けていると、もっと良いものを目指したくなるのが人情。私（たぶん、私たち）も、ご多分に漏れることはない。

当初、私たちの葡萄からできたワインは、ワインと呼べる代物ではなかった。それが、次第にワインらしくなってきた。栽培についてもまだまだ課題はあるが、その課題も明確化されてきている。面白い。

それにしても「ヴィンテージ」とはよくいったもので、当然だが、一度として同じ葡萄ができたことはない。

そんな状況で、毎年、同じ名前を持つワインとしてつくられる醸造の方々には頭の下がる思いだ（本当にありがとうございます）。自分たちのつくった葡萄を知っているがゆえに、識ることのできる醸造家の想い。ブランドに込められた想いも窺える。きれいごとではなく――。

栽培から離れた話しとなるが、クラブ参加後、知り合いの店でワインの仕入れの手伝いをさせていただいている。常連の方たちにも周知で、ワインの相談を受けたり、率直なお話しもさせていただいたりしている。信頼していただいているのには、このクラブでの経験によるものも少なからずあると思う。

ワインへの向き合い方は、消費者や小売り、生産者など関わり方によって違うし、味わい方も異なる。畑での作業をはじめとした、クラブでの活動を通じて実感できたことの一つだ。

私個人の大部分は消費者感覚だが、小売りや生産側にも近づいたことで、その重なった立ち位置から何か情報発信ができたら面白いかもと、漠としながらも思うことがある。

栽培クラブのメンバーにも、個々に葡萄やワイン、山梨に関わられている方々もいらっしゃる。栽培クラブ参加の初日。赤松師のクラブへの参加意義に言及された言葉が思い出される。「自己実現」。私は、まだまだ手も届いていないけれど。

ワインづくりの一瞬に立ち会える喜び

荒井智治・夕子（鳥居平三期）

二〇〇九年、グレイス鳥居平栽培クラブ第三期会員として夫婦で参加する、会社員と主婦のペア。東京多摩から勝沼を目指す。笹子峠を越え、葡萄畑の広がる甲府盆地、そして南アルプスの山々を背する勝沼は東京とは異次元の空間だ。

生涯スポーツを目指すテニスと自然をこよなく愛する自然派家族。いまは週末農業人として、栽培クラブの活動と勝沼葡萄農家のお手伝い、そして津久井在来大豆の採種と味噌づくりを楽しむ。子供二人がともに生物系大学生となり、夫婦で念願のワインづくりに思いきってチャレンジした。

初めて勝沼を訪れたのは四〇年ほど前の高校生のとき、ちょうど「勝沼町ぶどうの丘センター」ができた一九七五年ころか。それ以来、葡萄狩りとワイナリー訪問にはよく出かけていたが、所詮は食べる、飲むのギャラリー。プレーヤーとして葡萄栽培とワイン醸造の作業に専門家のもとで関わることができるとは夢を見るような喜びであった。

勝沼は一三〇〇年の葡萄栽培、そして一四〇〇年の葡萄酒醸造の歴史がこの地の人々により脈々と受け継がれ、すばらしい風土・文化として歩み、さらに未来を目指しているのだと思うと気持ちが引き締まる。

もちろん、私たちは葡萄の栽培も醸造も未体験。初めてグレイス栽培クラブで鳥居平の葡萄畑に立ち、そこで出会った師匠は、一目で「ただ者」とは思えない個性的で人に優しい栽培家赤松氏――。一年たつと作業の内容をすぐに忘れてしまう私たちに、繰り返し適切でていねいなご指導をいただいている。

畑に立つと一房のぶどうを育て上げるために、こんなに手をかけなければならないことに驚愕する。剪定から始まり、芽かき、誘引、房づくり、摘房、摘粒、笠かけ、収穫、そのほかにも施肥、草刈り、消毒、レインカットなど、葡萄の種類に応じ天候に合わせた作業が進められていく。収穫を祝うという文化の気持ちを自ら感じ取ることができる。ワインづくりでは、収獲した葡萄を房ごと除梗機にかけ、果梗を取り除き、さらに人手で果梗のきれはしを一つ一つ取り去り、果皮、種子とともにタンクに入れ発酵させる。その後は信頼厚きグレイスの醸造家にまかせ、熟成する時を待つ。葡萄を醸す香りに満ちた醸造所でワイン造りの一瞬に立ち会えることで、この葡萄液が素敵なワインになるように祈れることは喜びの極みです。

また、勝沼ではいろいろな葡萄畑を見ることができ、多くの栽培家や醸造家に会い、話すことができる。葡萄農家のおじいちゃんが自ら育てた葡萄を地区の共同醸造所に持ち込み、絞りつくった甲州ワイン。一日の農作業を終えたとき、「このワインはうまいだろう」と笑って注いでくれる。一粒一粒の葡萄に語りかけながら、心をこめて育て、こよなく葡萄を愛する姿が自然に写し出されてくる。このような栽培家がこの地には多くおり、歴史を受け継ぎ支えているのだろう。

グレイス鳥居平栽培クラブに参加させていただき、栽培クラブのメンバーとグレイスワインの皆様にはいつも感謝の気持ちでいっぱいです。私たちも鳥居平栽培クラブでの葡萄栽培と醸造を通し、本当に葡萄が好きで、ワインが好きで、この勝沼が好きな良き飲み手となれるよう楽しく学んでいきたいと思います。

センス・オブ・ワンダー

小野　隆（鳥居平三期）

仕事の関係で二年間暮らしたフランス・アルザス地方のストラスブール。それまでほとんどワインに関心のなかった私に、その魅力を見せつけるに十分な環境でした。市街地から車を少し走らせれば広がる美しい葡萄畑。作業する人々。ワインは、そこに暮らす人々に欠かすことのできない、まさに生活の一部であり、連綿と続く歴史の産物であると感じました。

すっかりワインに魅了されて帰国しましたが、関心は次第に、「飲んで楽しむ」だけでなく、「つくることに関わることで、もっとワインというものを知ってみたい」という気持ちへと移っていきました。そんな折りに届いたのが、会員募集の一通のメール。勿論、その後の私に与えるインパクトなど知る由もなく、深く考えずに軽い気持ちで応募したことは、いまでも憶えています。

子どもの頃に戻ったような、「わぁっ」という、ときめくような驚きや不思議との出会い（センス・オブ・ワンダー）が、私を待っていました。樹木がもつ生命力・成長力は想像していたよりも逞しく、瑞々しい。思いもしないところに蔓が巻き付き、勢力範囲を広げようと懸命。放っておけば片手では持てないほどに成長してしまう房。そして、それに対する人間の働き掛け。種を残すために「量」を追求する樹木の本能に対して、ワインとしての「嗜好＝質」を追求するために、人間にとって望ましい成熟状態へと導く栽培の技術や思想――。先人たちが培ってきた経験や知恵、すなわち「連綿と続く歴史」を垣間見ることができたように感じました。そして「喜び」――。仲間みんなで、手をかけて面倒を見て結実した房の収穫。自らの手で収穫した葡萄からつくられたワイン。そこに感じるものはもはや、愛情なのかもしれません。しかし、私にもっともインパクトをもたらしたのは、この活動を通してめぐり逢った仲間であり、関わり合いであると感じています。これまで活動を続けてこられたのも、これからも続けていきたいと感じるのも、この魅力が大きいからでしょう。これまでの私の人生では出会うことのなかった、さまざまな生き方や価値観がここにはたくさんあり、いろいろな「生きるものさし」があることを気づかせてくれます。「ゆるやかに」つながることができる多彩な仲間たち――。この活動に参画することで得られた、まったく予期もしなかった最大の「収穫」であり、これから長期間にわたる熟成が楽しみな「人生のワイン」なのかもしれません。

栽培の理論と偶然

小野昇子（鳥居平三期）
千葉県在住。化学会社の研究所に勤務。栽培クラブには二〇〇九年から夫と一緒に参加。

フランスに赴任していた際、ワインに触れる機会に恵まれ、帰国後日本のワインに関心を持つようになりました。夫に誘われ、二〇〇八年中央葡萄酒収穫祭に参加したときに「栽培クラブ」メンバーを募集していることを知り、応募しました。

参加する前は、何回か参加してみる程度と思っていました。参加してみたら、作業日にはほぼ毎回出かけていました。それが六年続いています。参加義務もない、強制されるわけでもないのに、週末の朝、なぜか早起きして、いそいそと家を出ます。電車で片道四時間弱、畑が見えてくるとうれしくなります。理由はいまだによくわかりません。せっかくの機会なので書き出してみます。

まずは、単純に「畑が好き」だから。柔らかな土の上、太陽を浴びていると気持ちが素直になり、風が吹くと心が凛とします。春、ブドウの新芽はうっすらピンク色。小さくて可愛くて守ってあげなければ、という気にさせられます。夏、ブドウはつる性で何かに巻き付き成長します。気味が悪いほどの生命力。秋、甘くて酸っぱい小さな粒をたわわに実らせる。冬、黙ってただただ春を待つ。四季それぞれの姿に魅せられています。

もう一つは、「栽培の理論と偶然」。ブドウの樹は、ある土壌で、太陽と雨というエネルギーを受け、光合成を起こし、養分をつくる。その養分を、いかに房に集めるか——。ここに人が登場します。剪定、芽かき、摘心、除葉、摘房、摘粒など、さまざまな工夫を凝らします。化学の研究と似ています。反応器に原料を入れて、熱などのエネルギーを与えて欲しい物質をつくる。反応が進めばよいのではなく、副反応を抑え、いかに選択的に狙いの物質だけを得るか、さまざまな工夫をする。違う点は、ブドウ栽培は、一年に一度しか実験できない点。しかもその畑は世界に一つだけ。理論はあるものの偶然の産物でもあり、だからこそ、その偶然の不思議に魅せられます。

最後に、何といっても栽培クラブの魅力は、「人」——。ブドウ栽培の面白さと難しさを教えてくださるワイナリーの方々、老若男女多士済々、さまざまなバックグラウンドを持ち、心の豊かさと人生の素晴らしさを教えてくれる栽培クラブの方々。ワインのヴィンテージをみると、その年、一緒に作業した方々のことを思い出す。そんな方々と一緒に過ごせる時間が何より私の宝物です。

本物の醸造用ブドウの栽培

金子邦雄（鳥居平三期）

一九四二年生まれ。神奈川県横浜市青葉区在住。東京大学理学部物理学科卒、工学博士。主としてソニー中央研究所で、発光ダイオード（ＬＥＤ）、半導体レーザ（ＬＤ）の研究開発を担当。

二〇年ほど前から急速にワインに興味を覚え、国外、国内の各地、各種のワインを飲んで楽しんでいました。海外のワイナリーを訪ねたりしているうちにワインだけではなく、そのもとになるテロアール、栽培、醸造といったことにも強い関心を抱くようになりました。

一〇年ほど前に「日本ワインを愛する会」の存在を知り、さっそく会員になり、国内のワイナリーを訪れたり、いろいろな日本ワインを飲んだりして、日本のワインの勉強、およびワイナリーの応援をしてきました。某ワイナリーの苗木会員にもなったりしました。

そのようなころ、六年ほど前、かって飲んだ美味しい「甲州」をつくっている中央葡萄酒のホームページをたまたま見ていて、年間を通じてブドウの栽培を行なうという、栽培クラブ会員（第三期グレイス鳥居平栽培クラブ）を募集していることを知り、ぜひ栽培技術を学びたいという思いから入会の申し込みをしました。

明日は初めてのメルローの収穫。早々と床に就いたが、期待と緊張でなかなか眠れない。明日は鳥居平の畑に早朝六時集合とのこと。横浜の自宅からでは始発電車でも間に合わない。車で行くことにした。三時出発の予定だ！　快晴の収穫日和、八八人が参加、収穫量一三五三キログラム。帰路、初めてのブドウ収穫という充実感に満たされた一方、無事終了したという安堵感と疲れと寝不足で、中央高速八王子ＩＣを出たところで、睡魔に襲われコンビニの駐車場で仮眠。

それから、六年間が過ぎようとしています。二週間に一度の畑作業が標準となっています。畑作業はそれほどの重労働ではありませんが、往復六時間、畑で五時間を過ごし帰宅すると、栽培クラブの最年長（？）の私にはやや疲れが残ります。しばらくは「しんどいなー」と思ったりもします。が、一週間もすると次回参加への意欲が出てきます！　これはなぜなんでしょう。

基本的なモチベーションは、自然の中の広い畑で、本物の醸造用ブドウの栽培に従事できるということです。物理を専門としてきた私にとって、そういう研究開発環境とは異なり、自然の中で植物を育てるということに、また違った充実感を持ちます。かれこれ三〇年以上、自宅近くで農家から畑を借り、野菜づくりを楽しんできています。野菜の生育は、天候、病虫害に大きく左右されます。野菜は毎年新たに種をまいたり、苗を植えたりできます。

しかしブドウは樹なので、そうはいきません。そこにむずかしさがあります。栽培技術としてのキャノピーマネジメント（樹冠管理）が大事なことを学びました。が、まだまだ十分には身についていません。もっとブドウ栽培の本質にまで理解を深めたいと思っています。「ブドウを育てたい」という思いがつのり、数年前に自宅近くの野菜畑の一部に二〇本ほどブドウの樹（シャルドネ、メルロー、カベルネ・ソーヴィニヨン）を植えました。コガネムシ、カビとの闘いです。

上記のモチベーションだけでは、栽培クラブへの参加も長続きしなかったかもしれません。年間を通じて行なわれるいろいろなイベント、新人歓迎会、暑気払い、収穫祭、忘年会、新年会、テイスティング会、終了式懇親会、その他ことあるごとに開催された楽しいイベント、仲間同士の結婚式等々への参加、そしていろいろな人と知り合えたことも、栽培クラブ参加継続の大きな原動力になっていると思います。

また、栽培クラブを強力なリーダシップで導いている、「師匠！」と呼ばれ、ていねいに栽培技術を指導してくれている、赤松さんの存在も参加継続の一要因となっています。

さて、現在、通常の作業日には電車で、収穫時は車で通っていますが、交通費が、結構かかります。継続参加の阻害要因ではありますが、それに打ち勝つ継続要因が優っている現状です。

直近のテイスティング会で、三澤社長以下中央葡萄酒の関連の方々から、鳥居平栽培クラブで栽培したブドウでつくったワインを、さらにより美味しいものへと高めるために、さらにより良いブドウを育てる手立てがいろいろ指摘されました。この大きな目標に向かって、今後も体力が続くうちは継続参加しようと思っています。そして素晴らしい、美味しいワインができ、少しでもグレイスへの応援ができればと思っています。

座禅を組むがごとく

枝川千春（明野一期）

私は渋谷でクリニックを開業している歯科医です。もともとお酒は好きだったのですが、元来凝り性の性格ゆえ、ある時からワインの世界に怒涛のごとくのめり込み、日本ソムリエ協会ワインエキスパートとシニアワインエキスパートの資格を取得し、細々と初心者さん対象のワイン教室も主宰してきました。「さて、次はどうしよう」と、思っていたところへ栽培クラブ設立の知らせが舞い込んできたのです。畑仕事はおろか植物さえほとんど育てたことがなく、アウトドアも苦手な私でしたが、中央葡萄酒のワインは大好きだったのですぐさま参加を決意いたしました。実際、教科書で学んだぶどう栽培の現場を見てみたかったことや、ワイナリーへのあこがれ、そしてワイン仲間にちょっといいカッコしたいという「よこしま」な気持ちも正直ありました。

実際一年目はいま考えるとひどいもの。これでいいのかと絶えず悩みながら作業しておりましたが、それでもありがたいことに「ぶどう」は育ってくれました。収穫の感動や喜びをひとたび味わうと、もっと知りたい、もっとスキルアップしたい、という気持ちがふつふつと湧いてまいりました。一年のサイクルを経験すると、それぞれの作業の意味や、その結果がなんとなくわかるようになり、またぶどうは毎年まったく違う顔を見せてくれるので興味は尽きず、気がついたら六年目になっていました。

今では一期として新メンバーに作業方法をアドバイスすることもありますが、時として赤松さんから「今日中にここまで終わらせるから、スピードアップして！　細かいことはいいから、とにかく終わらせて」と指示が飛びます。しかし、職業柄細かいことが気になってしまう私はなかなかスピードアップができず、赤松さんに「枝川さんは部下にしたくない人だなぁ」といわれる始末。「大ざっぱな歯医者は怖いと思いますが」……と、私。こんな私をしぶしぶ受け入れてくださる師匠に感謝の念を禁じ得ません。私だけでなくとも、これだけの大人数をまとめ、さまざまな個性の集まりを引っ張ってくださる赤松師匠無しでは、この栽培クラブは存在し得ないのです。

そんなこんなで今でも朝が苦手な私は這うように早朝の特急「あずさ」に乗り、明野に通っています。日本を代表する名山に囲まれての作業、これ以上のぜいたくがあるでしょうか。暑い日も寒い日もありますが、不思議とあまり気になりません。それどころか、くよくよしたり悩んでいることがあったとしても、この大自然の中で汗をかいたらそんなことちっぽけに思えて心が軽くなったりして、心のデトックスができるのです。

一日の作業を終えたら喉も渇き、またいつものあれが始まります。「ちょっと、行く?」という合図で甲府に集合。気心知れた同じ趣味の仲間とワインを酌み交わすのは、これまた至福のひとときです。

まったくもって、大自然の中のぶどう栽培と大人の遠足を満喫させていただいておりますが、あまりの楽しさゆえそのために仕事や他のことをセーブしてしまうのはNG、と自分に言い聞かせ、ほかのお付き合いも大切にし、うまくバランスを取るように心がけております。しかし本当は、どちらを取るか絶えずびたくなります。

軽く葛藤している次第で、とくに収穫期はいつ集合がかかるやもしれず、「からだが二つ欲しい！」と叫

いま現在は、おかげさまで約九〇％以上は出席できておりますが、この状態がいつまで続けられるかなという漠然とした不安はあります。いま、私が明野に通えているのは、充実している仕事、一応健康で動いてくれる身体、まだ介護の必要のない両親等のさまざまな条件の絶妙なバランスの上に成り立っていることに気づき、本当にありがたいことだと感謝の気持ちでいっぱいです。

これを執筆している三週間前、ガンを患っていた友人が「危篤」だという知らせを、畑で受け取りました。私は頭の中が真っ白になりながら、すぐ駆けつけるべきなのか、このまま畑でやるべき作業を終えてから行くべきなのか、すごく、すごく、悩みました。そして、なぜか後者を選んだのです。

はじめは身体が震え、自分で何をやっているのかまったくもって集中できずに完全にパニックでした。しかし、作業を続けていくうちに自然と心が落ちつき、震えも止まり、すでに意識が無く「意志疎通が不可能」というベッドの上の友人を思ったとき、不思議と彼がすぐそばにいるような気がして、心が安らいだのです。

「なんて自然って、すごいんだろう、人間もこの自然の一部なんだ。そして魂はずっとこの大自然に抱かれるのだろう」ということを、理屈ではなく、実感としてわかった瞬間でした。帰りの「あずさ」に乗っているとき、訃報は届きました。結局間に合わなかったのですが、病院で私は穏やかな心で「お疲れさま」、と伝えることができました。

ヨーロッパの伝統的なワイン生産者さんたちの言葉。

「ワインを造るということは、生きている証、人生そのものであり、神への祈りである」

——この意味を以前はよくわかりませんでしたが、今は少しだけわかるような気がします。畑でいつも思うのは、ぶどうの前では常に謙虚に、ひたむきに、自分ができるベストの仕事をする、これだけです。

この姿勢は患者さんに対してもまったく同じなのですが、一つ違うことは、ぶどうの前ではひたすら無心になれる、まるで座禅を組むがごとく、です。この喜びこそが、畑に通う最大の理由かもしれません。さらに、いいブドウをつくればいいワインができる。少しでもそのお役に立てて、なおかつ自分たちが育てたぶどうのワインで乾杯できるのなら、畑通いは当分やめられそうにありません。

転機

大竹光美（明野一期）

一九五六年、東京生まれ。一九七九年より出版文化団体の「家の光協会」勤務。『やさい畑』編集長、中国四国普及文化局長等を経て、現在、協同・文化振興本部長。三鷹市在住。

「赤松が倒れた！」

前々から松くい虫の害により弱っていた。庭に生えている五本の赤松のうち一本が、昨年、根元から倒れた。長さが十数メートル、直径五〇センチもある大木で、幸いなことに奥の林のほうへ倒れたので、小屋に被害はなかった。

この中古の山小屋を購入して、今年で十数年になる。新宿で生まれ、新宿で育ったので、田舎の生活にあこがれをもっていた。チェーンソーで木を切り、薪割りをし、薪ストーブの炎を楽しむ。春にはふきのとう、初夏には桑の実、秋にはアケビがとれる。都会ではなかなかできない生活である。

小屋を購入当時、周囲をいろいろ散策した。現在のミサワワイナリーとなる前の、つぶれたワイナリーがわびしい姿を風雨にさらしていた。そのうち新聞に買い手がついたという報道があり、中央葡萄酒が改装を始め、栽培クラブ募集に応募した。再びつぶれることのないよう、応援の気持ちからだ。

ワインは好きだが、酒一般が好きなのであって、めんどうな蘊蓄（うんちく）はごめんだ。でも、うまいのがよいに決まってるし、その栽培に携わると、なぜかうまさも倍加する。さらにその後の国内外のワインコンクールでの受賞で、知名度も上がってきていることもうれしい。

栽培クラブのブドウ畑から、前面に広がる南アルプスのパノラマ、とくに冬の甲斐駒ケ岳の三角形が白く聳え立つさまはすばらしい。明野地区は日本一の日照時間といわれるとおり、作業はいつも好天に恵まれ、春には天空でヒバリがさえずるなか、汗を流すのは心地よい。日ごろ三五年以上も勤めている新宿の事務所で多くデスクワークに従事し、日々ストレスにつきまとわれている身には至福のときである。

栽培クラブに参加してもう六年目となるが、一向に技術は向上しない。赤松師匠にダメ出しされる日々である。予習復習をしないので、技術が身につかないのだ。そのうえワインの知識も増やそうとしない。まことに劣等な第一期生である。

まもなくサラリーマン生活の転機を迎える。いまは本部長という肩書きで約二〇名の職員を背負っているが、その責任もなくなり、いわゆる窓際族となる。となれば時間にゆとりも出て、なにかに打ち込む時期だ。とはいえ、あまりに多趣味ゆえ、ワインづくりに熱中とはいかない。先日も奈良の山の辺の道を歩き、古代史や古事記、万葉集をじっくり研究したい思いを深くし、膨大な蔵書・DVD（もっとも輝いていた一九五〇年代の洋画・邦画）・CD（同じく五〇年代JAZZ）をゆっくり見たい聞きたい……。あいかわらずの第一期劣等生ですが、応援は続けます。

命の息吹・大地のパワー

斎藤敏光（明野一期）

一九五九年生れの五十六歳。専門学校教員、速記業の実務を経て二〇〇三年に独立。現在は自宅にて速記の自営業を営む。

二〇一〇年五月十五日。快晴の土曜日、私は期待と不安が入り交じった気持ちを抱きつつ中央葡萄酒明野農場に足を踏み入れた。

初めて見る明野農場は、垣根仕立てのブドウの樹が見渡すかぎり整然と並ぶ、まさに『美しい畑』であった。

もともと甲州街道の旧宿場にある酒蔵やウィスキーの蒸留所を訪れるため、山梨県の北杜市方面には年に何度か出かけていた。もちろん山梨といえばワイン、勝沼を中心としたいくつものワイナリーにも訪れていた。そして、中央葡萄酒が数年前から勝沼町の鳥居平で「栽培クラブ」という試みを実践していることも知っていた。

二十代の半ばぐらいから最初は代表的なウィスキーが好きになり、その嗜好がやがてアイラモルトに代表されるクセの強いモルトウィスキーに移り、そこからはラムやテキーラなどのスピリッツ類、もちろんカクテル、そして日本酒、焼酎等々、お酒類全般にはまっていった私だったが、ワインに深く関わりを持つことはそれまであまりなかった。それだけに、「いつかはワインのことをいろいろと勉強してみたい」という気持ちはずっと心の片隅で抱えていた。

そんな二〇一〇年の春先、中央葡萄酒が明野農場でこの年から新たに「明野栽培クラブ」を発足するという情報を得た私は、ごく軽い気持ちでそれに申し込んだ。

そのころの私は二〇年以上勤めた職場を退職し、自宅で「速記」の仕事を自営業として始めてから七年がたとうとしていた。

毎日スーツを着てネクタイを締め、満員電車に揺られて通勤する生活からは開放されたが、その分、ふだん自宅から出ることはめっきり減り、日がなパソコンの画面を眺めながらキーボードを叩く生活が続いていた。

そんな生活とはかけ離れて太陽の光のもとで畑仕事に汗を流し、新たにたくさんの人たちと出会い、今までまったく知らなかった栽培やワインの話を聞くことは、好奇心をすこぶる刺激する未知の世界の幕開けだった。

そうして始まった栽培クラブでの活動。春から夏、そして実りの秋にかけてのブドウの樹が一番成長するシーズンには、ほぼ一週間置きに農場へ通う生活は今年ではや、丸五年がたとうとしている。

正直、時間的にも金銭的にもそれなりに負担は大きい。また、往復五時間近くかけて一人で車を運転し、帰りは毎回のように渋滞につかまりながらも通うのは肉体的にもそれなりに負担はある。

それでも毎年、継続して今年ではや六年目を迎えようとしているのはなぜなのか。

やはりそれは、畑に行くたびに「植物の生命力」の旺盛さに触れ、そしてそこから自分自身も「命の息吹」というか、「大地のパワー」のようなものを受け取ることができるからだと思う。本当に二週間ぶりに畑に行くと、まさに「ブドウの樹の生命力」を目の当たりにして、毎回感動を覚えるのだ。

今年もまた芽吹きの春がやってきた。新たな年度には第六期会員を新規に迎え、そして美味しいワインを醸すための良いブドウを育てるべく作業の一年が始まる。二〇一五年はどんな出会いと発見があるか、私は今からワクワクしている。

人の出会いの不思議さ

長井勝己（明野一期）
神奈川県横浜市出身。相模原市内の小・中・高校を卒業。
相模原市役所勤務。

一生の大半を相模原市で過ごしてきたため、田舎という場所がない。盆や暮れの帰省ラッシュをニュースなどで見ながら、帰省には縁のない自身の状況を「楽でいいな」と思いながらも、自分のベースが別の場所にある人を少し羨ましいとも思っていた。五十歳の時に一〇年間も片思いだった十二歳年下の妻と職場結婚した。この話を書き出すと何千文字になるか分からないので書かないが、その妻の実家も市内だったので、またもや田舎を得る事はできなかった。

結婚した年の秋に勝沼にワイナリーめぐりに行った。ワインは数ある夫婦共通の趣味のひとつなので二人で出かけた。市内の橋本駅から特急「はまかいじ」に乗り、勝沼ぶどう郷駅に着き、そこから市民バスを乗り継ぎながらワイナリーをめぐった。

天気の良い日で、二つ目のワイナリーが中央葡萄酒で、昼前ごろに着いた。妻は「グレイスワイン」の名は知っていたようだが、自分自身は初めてだった。二階に上がると少し年配の女性がカウンターの中におり、さっそく試飲をさせてもらった。フランスワインが好きで、日本のワインはフランスワインほど美味くないと思っていた。しかし、女性の話が上手だったのか会話が弾み、次々と注がれるワインも美味しく、調子に乗って試飲していたら、いつしか二人の目の前には二〇を超えるグラスが並んでいた。当時は試飲が「無料」だったので恐縮してしまい、七～八本のワインを購入したと記憶している。

支払いの際、レジ横にメールマガジン登録の用紙があり、すぐに記載して中央葡萄酒を後にした。つくり手の熱い思いや、意外にも日本のワインが美味しかったことに感動を覚えながら家路に着いた。

しばらくするとメールが届くようになり、その中に栽培クラブの会員募集があった。雑誌などで田舎暮らしの記事を読んでいた自分にとっては魅力的な誘いだった。さっそく妻と二人で申し込んだが、相模原市から行くには明野はかなり遠く、できれば勝沼がよいというのが正直な気持ちだった。

しかし、そんな自分の気持ちも、最初に「明野」を訪れた時に払拭された。目の前に広がる畑の向こうには雄大な南アルプスが堂々と鎮座し、目を転ずれば八ヶ岳の雄姿、茅ヶ岳に富士山と、四方に山並みが見える景観は感動的で、ここでワインづくりの一助になる作業ができることが楽しみになった。さらに、クラブにはふだんの生活や仕事では出会えない人たちばかりで、こうしたメンバーとの交流もうれしいひと時である。自分の苗字の一文字と同じ夫婦が三組いて、仲良くなった。こうしたことは偶然とはいえ、人の出会いの不思議さを感じた。

当然ながら自然の中での作業は楽ではない。強い日差しと暑さ、厳しい寒さと雨などの気候だけでなく、ハチに刺されたり、見たこともない虫と遭遇したりと作業中はいろいろとある。また、赤松師匠が手本を示しても、葡萄の木は一本一本違い、確信を持てずに枝や葉を落としてしまい、後悔したことは何度となくあった。それでも作業の日が来ると仕事の疲れや前日の二日酔いも何のその。いそいそと身支度して、夫婦で出かけている。

そうした日々の積み重ねで迎える収穫は、成績発表のようで少し緊張する。よい出来なら気分も晴れやかだが、房の半分以上も落とさなければならない時は手間もさることながら、気持ちも落ち込む。自然を相手とすることのむずかしさを感じる時でもある。

クラブに入って三年目の年から職場が公民館となり、土日が勤務となったことから参加日数が激減してしまった。残念であったが、その公民館で「女性学級」という事業があり、メンバーからの強い希望で「ワイン」に関する講座を行なうことになって、女性醸造家として活躍されている三澤彩奈さんに講師をお願いした。

三澤さんには大変忙しい日々のなか、事前の打合せにまでお付き合いいただいた。講座当日も、直前に取材を受け、講座後はすぐに都内へのイベントに出かけるという忙しさだった。後日、テレビ番組で、講座の翌日には海外に出かけられたことを知り、本当に感謝の気持ちでいっぱいになった。

栽培クラブで生きがいが一つ生まれ、クラブが縁でさまざまな出会いがあった。これからも「明野」の自然に接することで癒されながら、美味しいワインとなる葡萄づくりに携わっていきたいと、二人でいつも話している。

職業として葡萄栽培をしたい

土門のどか（明野二期）
仕事＝フラワーアレンジメントの講師、今は専業主婦。

栽培クラブに参加するきっかけ……。二〇一〇年、少し仕事に疲れていた。花を美しいと思う気持ちが薄れ、その気持ちが植物に伝わっていたように思う。そんな時、ある本を手にした。勝沼のワイナリーが載っている本。何かにつき動かされ、あるワイナリーに。

そこで、「なんちゃってビオ」の話をしたら「八月のデラの収穫に来ませんか？」との話になり、どっぷりと収穫の面白さにはまってしまった。

仕事のない日は毎日勝沼通い。八月の暑さは半端ではない。葡萄の木に触っていると心が落ちついた。ワインの品種も知らない私。収穫しながら栽培担当者さんに味と名前と特徴を教えてもらい覚えていった。

驚いたのは、ボランティアで県外から来て収穫をやっている人たちがいたことだ。ワインというものだけで繋がった友人ができた。彼は、国産ワインを広める活動をしていた。

どうしても栽培がやりたくて仕方なくなった。同じ収穫仲間の方に農家さんを紹介してもらった。グレイス甲州の畑主だ。

肥料まき。ＳＳで耕耘機の操作を習うが葡萄の木を倒しそうになり、ヒヤリとした。栽培をするには機械が苦手なのは問題である。

畑に降りてくるイノシシ、鹿駆除の電柵づくりも教わった。春、若芽が出ると動物も生きるため食糧を求め来る。

自然には勝てない。共存しながら生きていくのだと思った。

『ワイナリーへ行こう二〇一一』を見て明野の畑の美しさに魅了された。

二〇一一年、二期生として五月に栽培クラブに入会した。できるだけ早く入会したいとはいえ、剪定の知識がない私が入会前に一期生と一緒に入るのは躊躇された。

入会してみるとワインが好きで栽培に関心をもつ人が多かった。私は、栽培に関心があり、その先にワインがあればいいと思っていた。

栽培担当者の赤松師匠ちょっと強い。いかにも職人。

明野栽培クラブは色んな職業の人たちが集まり、皆が赤松さんの指導のもと、葡萄の一年を学んでいった。午前中は、この時期の植生や作業内容と作業。お昼をはさみ午後から十五時まで作業。その後は、都会に帰る会員とお疲れさまの一杯を甲府の町で。こうやってノミニケーションを図って一体感が増していった。

いつしか「職業として葡萄栽培をしたい」と明野栽培クラブを続けながら、自分に合う師匠を探し始めた。一時期、七つの畑をハシゴした。皆気持ちの良い人々で、私に栽培を各々の考え方で教えてくれた。感謝の気持ちでいっぱいだ。

私には、師匠と思う大切な人がいる。一人は赤松さん。

もう一人は、二〇一四年にワイナリーから独立して栽培、醸造をしている。その人は、ズブの素人の私に葡萄のもつ生命力を教えてくれた。作業は厳しい。とても孤独で葡萄と向き合う。でもその人の葡萄が好きだ。葡萄は育ててくれた人のことを見て、感じている。収穫時にその葡萄は「なんて美味しいの！」と私をうならせた。

それぞれのワイナリーや栽培家の考え方は違うし、目指すものも違うが、直な葡萄本来の力を出せるものをつくりたいと思う。

栽培クラブに入って、人生を変える出来事があった。主人との出逢いだ。その人は静かでひょうきんで、マイペースで栽培にしか興味を示せなかった凝り固まった私の気持ちをほぐし、応援して見守ってくれた。長野県のある栽培家が私にいった。「いい葡萄をつくりたいなら、大切な人をつくることだ。そうしたら伸びやかに貴女の葡萄をつくれる」と。

葡萄は優しい気持ちで。人の気持ちを感じてしまうから。

主人とのお付合いを承諾するとき、結婚か、栽培か迷った。結婚して落ち着いた気持ちで葡萄に向かう。

クラブを大切に受け入れてくださる三澤社長と彩奈さんに感謝し、栽培クラブで赤松師匠と仲間と、いい葡萄をつくって行きたい。葡萄を通して良いご縁がありますように。

栽培は科学

古谷昭広（明野二期）

アラフィフの都内勤務の会社員。葡萄の品質によって、同じ醸造技術でも完成したワインの味わいがすごく異なることをようやく体で覚えたので（?）、さらにはまってしまいそう。とはいえ、「今日はシャルドネの収穫に行くんですよ。」といえば、とっても聞こえがいいが、「それはそれは大変なのよ」ということを、もっと世間のワイン好きに知らしめたいと考えている。

今日は作業の日。茅ヶ岳広域農道に出て、ハイジの村を通り過ぎ、左手に曲がる。もうすぐ畑である。車から降りると、眼下のブドウ畑とともに山々のパノラマが広がる。この車から降りた瞬間の景色がとても好きで、ここから「畑モード」に切り替わる……。

白ワインが好きで、初めて飲んだ甲州種のワインがグレイスワインだったことから、中央葡萄酒のウエブサイトをよく見ていたところ、ある時、この栽培クラブの募集が目に入った。なんでも一年間通じて、葡萄の栽培の手伝いをさせてくれるという。ワインが好きになると、次にはつくり手はどんな人か、原料のブドウはどのようにつくるのかは興味を持つもの。そのうちブドウづくりの方は、このクラブへの参加で解決するかも知れない。私は「手伝い」のつもりで参加することに決めた。

一回目は「芽欠き」から始まる。適正な葡萄の房の数を保つために余計な芽を取る作業。私は父のミニトマト栽培を手伝ったことがあって、「余計な芽は要らない」ことくらいは理解していた。果実は適正な量に収まらないといけない。一年目はもちろん先輩の見よう見まねなのだけど、この時から収穫まで、繰り返し、そして徹底した「果実数をコントロール」するための作業が続く。作業ごとの赤松さんの説明は非常に科学的で、英語の論文まで引用したレジメは「隠れ理系」の私にとっても、「たしかに理屈はそうだなあ」と、妙な納得をすると同時に、農作物の生産技術について、ここまで科学的に解明されているのか、というのもちょっとした驚きだった。

そして、「転機」は最初の年の収穫のときだった。私は収穫したブドウを洗いさえもせずに、そのまま醸造タンクに入れることを知らなかった。もちろん、収穫時に最低限の病果は取り除くが、それとてせいぜい「クラブ員の目による選択の結果」である。そして、収穫後の選果だって限られてくる。

私は従前から、ネットで販売したら数時間で売り切れるような「カルトワイン」が嫌いで、グレイスの甲州ワインにめぐり合ったのも、普通にお店で売っていたからなのだけど、その「普通のワイン」を実現するには、すべてを選果していたら、とてもコストに見合わない。結果として「栽培クラブの一年の作業内容」がそのままワインの原料に反映されることになる。考えてみれば当たり前なのだけど、これはかなり衝撃的なことだった。

もう一つ驚いたのは、たとえば同じシャルドネ種の畑でも、果実数のコントロールの作業結果が、収穫時に正直に現れること。芽欠き等が不十分だった樹は、やたらたくさんの果実が出来ていたり、葉が多くて収穫が大変だったりで、作業の結果がここまできちんと反映されることについても、驚きであった。

となると、「手伝い」のレベルでは如何なものか、という思いが当然出てくる。収穫後の最初の作業は真冬の果樹の剪定になるのだが、じつはその樹の翌年一年の運命を決める作業だということが分かり、そこからは、「気合」が加わることになった。

そして、次に衝撃的なのはこのクラブに参加している人々である。私は職業柄、いろんな個人や業界の話を聞くことが多いと思っていたのだが、それらをすべて超越したSF小説のような多種多彩な人々が集まっている。

「のんべえ」が多いのは予想していたが、畑作業から離れた何かのイベントをやろうとすると、必ずその分野の専門家が一人は出てくる。この人たちだけで別の事業でも起こせるのでは、とふと思うことがある。またお酒は飲めないけど、ワインが好きという人たちがいることも初めて知った。お酒を飲めない人は私の周りにもいるが、その人たちはそもそもお酒に興味がない。ところがお酒の飲めないワイン好きの人の話は、また違った観点があっておもしろい。

作業の翌日、地下鉄に乗って会社に向かうと（そもそも人間がなぜ地下をうろうろしなければならないのかといつも疑問を持つのだけど）、会社の最寄り駅の改札を通り抜けると同時に、仕事モードに切り替わる。そして、これらの景色、気合、人のつながりで会員を続けているうちに、いよいよ四年目に入ることになった。

宴会事業本部長

増田耕一（明野二期）

明野栽培クラブで、私は「宴会事業本部長」という、ちょっと気恥ずかしい肩書きを持っている。読んで字のごとく、作業を離れて会員同士が飲みながら交流する場を仕切る役割だ。忘年会や新年会、花見や東京でのオフ会などのイベントのほか、月二回の作業後の打ち上げも含めると、年間二〇回ぐらいの宴会を企画・運営している。「事業本部」といいながら会員がいるわけではなく、飲み会のコアメンバーが主体となって、会場を決めたり、参加者を募るなどの裏方作業をこなしている。

会員同士の飲み会がこんなに頻繁に行なわれるようになったのは、二期目にあたる二〇一一年、冬の忘年会ごろからだ。一期目と二期目の前半は、互いによく知らないうえに慣れない作業で、肉体的にも精神的にも疲れ、終わると三々五々散っていた。栽培クラブは年間を通じてワイン用ブドウを栽培する集まりだが、一人ひとりがストイックに作業に取り組むだけでは結構つらい。皆そんなふうに思っていたのか、作業後の飲み会やイベントを企画して声をかけると、だんだんと人が集まるようになっていった。「宴会事業本部長」の肩書きもそんな飲み会で、参加者から命名され、定着してしまった。

飲み会での話題は、その日の作業のむずかしさだったり、いいブドウをつくるには今日はどこに注意すればよかったのかとか、クラブの運営のあり方だったり、イベントをどうするかなど、栽培とクラブにかかわるものばかりだ。こんな話ばかりなので、長く一緒に活動していても、互いの仕事やプライベートについてほとんど知らない人も結構いる。ワイン好きの集まりだが、通常のワイン会での話題とはかなり違っている。ワインと栽培という共通の関心だけで結びついている、奇妙なコミュニティなのだ。

私は新聞社に勤務しているが、一〇年ほど前に記者を離れて経営管理部門に異動となったのを機に、好きで飲んできたワインをもっと深く知りたいとワインスクールに通うようになった。そこで知り合った友人の一人が、「山梨で素人にワイン用ブドウ栽培をさせてくれるワイナリーに通っている。山に囲まれた畑で景色がいいし、何より日ごろのストレス解消になる」と話してくれ、興味をもった仲間数人で参加することにした。

個人的にはワインエキスパートの試験で勉強した栽培が実際にはどんなものか確かめたいと思った程度で、失礼ながらグレイスワインを飲んだことはなかった。今ではさまざまなスタイルの甲州や日本のワインをたくさん飲んでいるが、当時はフランスワインが中心で、日本ワインにさほど関心があるわけでもなかった。

始めのころは一緒に参加した友人らだけで、作業後、甲府のワインバーに行ったり、日帰り温泉を楽しんだりしており、週末の小旅行のようで新鮮だった。都会で仕事に追われる日常とはまったく異なる自然に囲まれた空間での作業も気分転換となり、正直、栽培は二の次だった。

栽培が面白くなってきたのは、最初の年の冬に剪定を行なってからだ。この作業がその年のブドウの出来を左右するのだが、そのむずかしさと奥行きの深さに魅せられた。結局、この年は正規の作業だけでなく、赤松さんに頼んで数人で自主的に追加の剪定作業も行なった。翌年度からはブドウの成長にとって重要な初夏の時期に、通常作業では手が回らない部分を自主作業でこなすようになった。

こうして栽培作業が面白くなってくると、やがて自分たちの努力の証が欲しくなってくる。鳥居平栽培クラブでは、会員だけで栽培したブドウを使った赤ワインの鳥居平ルージュを一般向けに販売している。明野でも独自のワインをつくりたいという要望を、東京でのオフ会に参加してくれた三澤茂計社長に直訴したところ、快諾してもらった。

鳥居平が「赤」だから、明野は「白」だろうということで、クラブ会員が栽培を手がけている畑のシャルドネを使った「明野ブラン」という会員向け白ワインが、二〇一三年から毎年夏にリリースされるようになった。自分たちが飲むワインだけに、とくにシャルドネの畑の作業には力が入るようになった。今後いかにして凝縮して糖度が高く、フレッシュな酸の残るブドウをつくれるかが会員共通の課題だ。

栽培クラブはワイン用ブドウの栽培という、きわめてマイナーな趣味を通じて集まった会員が、飲み会を通じて仲間意識を強めているサークル活動という側面もあり、世の中にたくさんあるスポーツや趣味のサークルとさほど変わるわけではない。

違う点といえば、商品として売り出されるワインの原料となるブドウを、われわれ素人が年間を通じて栽培しているということだろう。本格的にワイン用ブドウを栽培しようとすれば、自ら畑を持たなくてはいけないし、栽培の指導を受けるのも伝手がなければむずかしい。鳥居平栽培クラブには自分で畑を持った会員もいるが、都会で会社員をしている普通の会社員にはハードルが高い。そんなワインファンや農業に関心を持つ一般の人にとって、年間を通じてワイン用ブドウを栽培でき、おもしろい仲間をつくれる絶好の場といえるだろう。

　東京から通うと決して安くはない交通費や宿泊費を負担したうえで、ワイナリーがやるべき仕事をボランティアで手伝っているということに矛盾を感じて退会する会員もいるが、私はそこで得られるものとのバランスだと割り切っている。

　今年（二〇一五年）還暦を迎え、自分ではまだまだと思っていた「老後」という言葉がリアルに感じられるようになってきた。仕事はまだ続けるのでリタイア生活ではないが、今後も月二回の栽培クラブでの作業と仲間たちとの宴会がライフワークとなってくれそうだ。

方程式を解くような頭の体操

安藤美加（明野三期）

山登り、ダイビングもする、旅行大好きなふつうの会社員です。二〇一二年の二月に、勝沼のワイナリー見学で鳥居平周辺の畑を見せていただき、その年すぐに栽培クラブに入会、それから三年、ほぼ毎月一〜二回は明野の畑に通っています。

以前に、カリフォルニアのナパバレーに行く機会があり、ワイナリーと広大なぶどう畑を見学。うわさに聞いていた、ぶどうが縦方向（垣根式）栽培されているところを、このとき初めて見ました。お酒好きワイン好きであることもありますが、植物も好きで一緒に植えてあるバラやオリーブの樹などの景色もあわせて気に入ってしまい、「こんなところが日本にもあるといいのになあ」と、明るい太陽のもと、畑のわきのテーブルでランチをしながら思っていたのでした。

二〇〇四〜二〇〇六年、（地元）杉並区主催の野菜の栽培を教えてくれる会に参加していました（二×一〇メートルの畑を借りて、一年間で二〇種ほどの野菜をつくります）。苗や種を植えるところから始まり、間引き、適時・適量の肥料や農薬、ネット張り、収穫などなど、いろいろなことを体験しました。庭に自己流で花や木を育てるのとはまた違った楽しみがあって、野菜以外のものも作ってみたいなと思っていました。

その後、日本にも垣根式のぶどう畑があるとどこかで聞いて、「あれば行って見てみたい」「できたらぶどうもつくってみたい！」と、思っていたところ、畑を見学できた中央葡萄酒さんの栽培クラブに出会いました。

枝しかなかったぶどうから芽が出て、葉が出て、花はどんなふうに咲くのかとワクワクいつか今かと待っていると、すぐに実がなり、だんだんと大きくなっていき、色が変わる。成長が早いです。見てみたいことが多くてキリがないです。最近やっと少し冷静になってきたのか、そういえば畑にはバラもオリーブもなかったな、ということに気がつきました（笑）。

明野の畑からの景色はいうまでもなくすばらしいのですが、芽かきや剪定の作業などは、方程式を解くような頭の体操のようでいて、むずかしいけど、とっても楽しいです。

まだまだ、やったことがないことや、見たこともないことはたくさんあると思うので、ひきつづき、夏の暑さにも負けず、冬の八ヶ岳からの北風にも負けずがんばりたいと思っています。

愛すべき風景と愛すべき人たちに囲まれて

吉川久美子（明野三期）

車から降りると眼の前には南アルプス連峰がひろがり、右手遠方には八ヶ岳がそびえる。この風景をこの三年間何度目にしたことだろう。

ここは山梨県北杜市明野町のぶどう畑。栽培クラブの担当圃場がここにある。夫に誘われて栽培クラブに入会したのが二〇一二年。その数年前から私がワインを愛飲するようになり、山梨や長野のワイナリーを廻っている中で栽培や収穫を体験する機会があり、畑の作業をおもしろいなと思うようになっていた。そのときに、中央葡萄酒さんの明野圃場で年間を通して栽培に携われるクラブがあることを知ったのが入会のきっかけである。

一年目、指導者の赤松さんのレクチャーと班長さんの教えに従い、よくわからないながら一所懸命作業をした一年。

二年目、何のための作業かをある程度理解して、難しさと楽しさを感じながら作業に没頭した一年。

三年目、新しく入会した人たちに作業を伝えるということも加わり、よりしっかりと作業を理解しなければと気を引き締めた一年。

どの年も明野の風景と栽培クラブの人たちとともにあった。明野の畑の風景はそこにいるとき以外にも心にひろがり、日々の生活の中で清涼剤のような役割を果たしてくれる。そして、栽培クラブの人たちとのコミュニケーションは、私にとって今までの生活の中での人との繋がりとは違う魅力で、生活を彩ってくれている。そしてこの栽培クラブの活動を続けてきたもう一つの大きな要因が、作業を指導してくださる赤松さんの、人としての魅力といっても過言ではない。愛すべき風景と愛すべき人たちに囲まれて、この三年充実した栽培クラブ活動を重ねてこれた。

この春からは私にとって四年目の栽培クラブ活動が始まる。目標や課題を掲げることはしないけれど、思いっきり作業して、思いっきり愉しみたいと思っている。明野に通えるという現状に感謝しながら。

葡萄の成長と歴史を刻む

数野りか（明野四期）

大学卒業後、住宅メーカーから広告代理店を経て独立。現在は『ナチュラルなライフスタイル』をコンセプトに『食』や『花』の分野の提案をしている。イタリアオリーブオイルテイスター機構会員。O.N.A.O.O. オリーブオイルテイスティング適正能力認定取得。日本オリーブオイルテイスター協会会員。

二〇一〇年の春、子育ても一段落した私は少し時間にゆとりもでき、そろそろ自分の未来のことも考えようと思い始めた時期にいました。そんな時に出会ったのが、朝活の本拠地「丸の内朝大学」。そこで「農業クラス」なる講座に出会いました。大学卒業後に就職したころは、「アグリビジネス」全盛期。有機栽培や水耕栽培、企業の農業事業への参画など、新しい農業の形を模索していた時期なのでしょうか。

そのころから『農業』という響きに何かしら心が動き、仕事の影響もあり、「日本農業新聞」や「趣味の園芸」「農耕と園藝」などに関わっていたことや、トマト栽培に欠かせない「マルハナバチ」の販促をしていたことなどから、身近だったように思います。朝活の「農業クラス」もすぐに調べて申し込みました。

そこで出会ってしまったのが、「日本の農業を面白く」、というコンセプトで活動していた、株式会社「脇道」代表・脇坂真吏氏とＮＰＯ法人「農家のこせがれネットワーク」の宮地勇輔氏。そしてクラスの受講生の方々でした。講師だったお二人の視点の面白さ、斬新な仕掛け（農業分野では）、二代目や新規就農者にスポットを当てた企画など、目からウロコの講義ばかりでした。そこに集う人々も、それぞれがきちんと仕事を持っている企業人でありながら、日本を支える「農業」や「食」に興味を持っている自然体で個性的な人ばかり。数年経った現在は、脱サラして就農する人、カフェを作る人、週末農業をしている人、マルシェに出店している人など、さまざまな『食』にまつわる活動をしています。

その年の健康診断で、ひとつだけ引っかかった項目がありました。マンモグラフィーです。初めて受け、腫瘍が見つかり、再検査のすえ、ガンであることがわかり、年明けに手術を受けました。現在もホルモン治療を続けていますが、早期の発見だったので、比較的軽い治療で済んでいます。

それまでの私は、母子家庭だったこともあり、毎日全力投球で仕事をしておりましたが、自分の体の異変に気がついてからは、ゆっくり、焦らず、のんびり、楽しく、ということを心がけて、興味はますます「自然」や「食」に向いていきました。娘と、出会いがあった最愛の人の精神的な支えがあり、二人三脚で病気を乗り越えられたように思います。

その年、かねてから計画していた山梨に居を構え、小さな畑で無農薬野菜を育て、雑木を植え、花を育てる週末生活が始まりました！

食べることが大好きだったので、ゆくゆくは『食』に関わる仕事がしたいと心のどこかで思っていましたが、なかなかタイミングに恵まれませんでした。病気のおかげで、見えるものが違ってきたのだと思います。チーズ、オリーブオイル、野菜のことを深く知りたくて、いくつかの講座に通いました。その講座で知り合った鳥居平栽培クラブ一期のマリーさんからお誘いを受けたのが、「三澤農場明野栽培クラブ」

だったのです。

栽培クラブは、ワイン用の葡萄を手入れし、栽培のお手伝いをするボランティア組織でした。アクセスの面でも山梨の家から近くだったことと、何よりもふだんお世話になっている「ワイン」に敬意を払い、「葡萄の成長を見てみたい！　きれいな葡萄の葉っぱや畑を見てみたい！」……、それが私を栽培クラブに導いてくれたエネルギーでした。パートナーである数野さんを誘って、ふたりで大自然の中で「ぶどう」を育てたかったのです。一緒に参加してくれた数野さんに感謝しています。

それは、まさに必然の流れだったように思います。いまは、農場に集う仲間と栽培を教えてくださる赤松大先生のもと、葡萄の声を聞き、作業に汗をかき、オフにはたくさんのワインをいただき、一年が「あっ」という間です。

週末ふたりで、家族で、もしくは友人たちと囲む食事が素晴らしい時間になるのも、ワインのおかげです。料理とのマリアージュを経験するたびに、ワインというものは毎年違った顔を見せてくれる、そして自然に左右される「農産物」だと感動します。そのワインがきっかけで出会った大切な人たちは、私たちの人生になくてはならない宝物になりました。昨年開いてくださった、「結婚のお祝いセレモニー」も記憶に残る、よい思い出となりました。この場をお借りし、改めてお礼申し上げます。

「農業」がキーワードで始まった素晴らしいストーリー。これからも葡萄の成長と一緒に歴史を刻んで行けたらと思っています。

ぶどうは種から育つ⁉

松本 友（明野五期）

一九七七年、鳥取県境港市生まれ。二〇〇五年、株式会社「BLUE POCKET」を設立（水道橋）。インターネット上で紙を販売することが主な事業。千葉県市川市在住。

二〇一四年五月から参加した松本 友です。五期生となります。仲間と一緒に参加しました。

もともとお酒がほとんど飲めず、乾杯のビールすら頼まないタイプです。ワインであればグラス半分で真っ赤になり、一杯でボーッとして、マックス二杯。飲み会と名の付くものに参加することはまずありませんでした。それでもまだ日本酒なら、むかし住んでいた近所に地酒を蔵元から直接仕入れているこだわりの酒屋さんがあり、うんちくを聞くのが楽しみで買うこともあったのですが、ワインとなると、メルローが赤なのか白なのかすらわからないレベルでした。

そんな私が栽培クラブに参加したきっかけは同級生が北杜市に移住したので、遊びに行ったり、田畑を手伝ったりしているうちに、自分でも何か作ってみたくなったのです。山梨の仲間の協力を得て、まずはブルーベリーを五〇本植えました。その後、バナナを植えてみたり、カカオはどうか、コーヒーは、などと考えて、最終的にワインぶどうを植えてみたいという気持ちになった次第です。勉強がてら、いろいろなワイナリーを見に行っていたときに、二〇一四年四月にミサワワイナリーを訪れて「栽培クラブ」の存在を知りました。すぐに申し込み、五月の入会の日を迎えました。

　芽かきから参加して、一年を通じ、新芽から実がなり、その実が大きくなることの悦びや収穫の楽しさ、剪定の難しさなど、さまざまなことが実体験として勉強でき、いまではワインを飲むときも品種だけでなく、どういう風土で葡萄が育ったのか、はるか遠くに思いを馳せて、さまざまな想像をするのが楽しくなってきました。昨秋から一期生の枝川さんの講義に参加して、ワインについて教えていただいています。集まってくるのは当然ワイン好きの方々ばかりなので、ただ話しているだけでも勉強になります。

　そもそも日本酒はお米から、ワインは葡萄からと当たり前のことですが、共通することは「農業」です。一年に一回しか収穫のできない農作物からお酒をつくる。考えたらとても貴重なものです。大切にこれからも飲んでいきたいと思います。

　最近では、実家の鳥取県境港市で友だちと一緒に開墾して、遊びがてら蕎麦や黒豆、大麦などを栽培してみたり、葡萄が種からでも育つのか実験してみたりしています。みんなでワイワイ土いじりをしていると、ビオディナミで育てられたワインがどうして宇宙を感じられるのかなどが実体験としてわかり、とても楽しいです。

　正直、朝早く起きるのは苦手中の苦手。前日の夜はちゃんと起きられるか毎回不安です。でも、なんとか錦糸町で特急「あずさ」に乗り込み、明野の畑に着いた瞬間、平日のストレスはどこへやらといった気持ちになり、心が晴れわたります。栽培作業そのものも楽しいのですが、加えてミサワワイナリーから広がる広い空、美しい山々といった素晴らしい景色も栽培クラブの魅力のひとつです。二期目からはやっと、一年目にした作業の意味がわかり始めるとのこと。いまから楽しみです。

「みっちり教えます！」につられて

倉地八重（明野五期）
長野県出身、東京都在住。都内のワイン店に勤務。

ミサワワイナリーから三澤農場へと向かう車から降り立つと、正面に切り立つ南アルプス、眼下には整然と並ぶ「ぶどう」の木々が一面に広がります。明野の雄大な風景が私を迎えてくれます。

都内でワイン販売に従事する職業柄、栽培やワイン造りの実際に興味がありました。

多くの生産者が良いワインをつくるのに一番重要なのは、畑であり、品質の高いぶどうだといいます。きっと畑のどこかに美味しいワインをつくる秘密があるに違いありません。

「栽培クラブ」を知ったのは、グレイス主催のオープンカレッジで剪定講座を受講したのがきっかけでした。赤松さんの「みっちり教えます！　栽培に興味がある人はぜひ入会を」との言葉につられて入会しました。私にとって、指導者がいて、実際に畑の仕事ができるまたとない機会でした。

入会してみてとくに驚いたことは、継続会員の先輩方の情熱です。みなさんがいいぶどうにしようと、細部までこだわって仕事をしています。その日の目標の作業のみではなく、これまでの知識と経験をもとに、先々まで考えながら手入れしているのです。明野のぶどう畑には、真摯にぶどうに向き合い、ぶどうに心を注ぐ人たちの姿がありました。

新梢誘引、房周りの手入れ、収穫などの作業で畑に入ると、目の前にはぶどうしか見えなくなります。はじめは周りをキョロキョロしながらおっかなびっくり作業をしていたのが、いつの間にか没頭してしまいます。畑にとけ込んでいくような自然との一体感は居心地がよいものです。

私に新たな「視点」をもたらしたのは、個々の実作業ばかりではありませんでした。ぶどうの成長は早く、二週間から四週間に一度に会うぶどうの木々は、どんどん様子が変わっていきます。葉っぱの勢いは驚くほど強いですし、新梢の高さ一・四メートルと樹幹五〇センチを合わせるとおよそ二メートル、背伸びをしなければ届きません。ぶどうの果実のつく位置や、収穫した数トンのぶどうのボリューム、剪定後の枝の山などのスケール感を肌で感じました。生きたぶどう畑の様子を目のあたりにしたこの一年間は、ほかでは得がたい経験となりました。

うれしいことに、栽培クラブ担当圃場のぶどうだけで一つのワインがつくられます。ヴィニュロンの一員として、そのワインを味わうことができるなんてとても楽しみです。

仕事や家庭との兼ね合いで参加できなかった作業もありました。ぶどうの成長は早く、復習したくとも来週もう一回とはいきません。自然と「来年こそは！」との気持ちになります。そうして次につながる好奇心が後からあとから湧いてくるのです。

肌で感じる想い

小林乙彦（明野五期）

明野栽培クラブには二〇一四年の五期から参加していますが、私とワインとの出会いはそれからほんの一年半くらい前のこと。もちろんそれ以前から飲む機会はありましたが、決して積極的なものではなく、洋食とあわせて飲むお酒、肉なら赤を、魚なら白をグラスで、という程度のものでした。

それがそんなわずかな間に「ソムリエ協会」の資格を取得し、酒の仕入れ販売担当マネージャーとなり、卒業したワインスクールで講師となり、ついには自らつくり手の側に回り、ブドウ栽培に携わり、秋の収穫の時期には一カ月半ものあいだ東京での仕事と往復しながら週の半分以上をワイナリーに泊り込み、収穫・選果作業にあたるまでになったのですから、自分でも驚きます。

私の勤める会社は二〇〇一年創業の、業界としては老舗のグルメ通販サイトを運営しています。二〇一二年十二月当時、私はあるサイトの店長でした。そんなとき、本当に偶然の縁でワインスクールの社長と出会い、「食べ物の仕事をしているならワインは絶対に知っておいたほうがいい」と勧められ、翌年の日本ソムリエ協会呼称資格認定試験合格を目指し勉強し、その後無事に合格。

それと同時に、仕事の面でも、これも本当に偶然のタイミングだったのですが、業務提携先からの要望などが重なり、お酒の取り扱いを増やしていこうという流れができたことで、早くも学んだことを活かす場を得ることとなります。さらに、卒業したワインスクールからも、先輩としてOBとしてこれから受験に臨む後輩たちの勉強を手伝ってほしい、ということで、講師のお仕事もいただくようになりました。

しかし、ネットの中ではグルメは先駆者でもお酒は後発。しかも専門の酒屋ではありません。そんな状況で他の専門店と同じ商品を同じ販売方法をしたところで太刀打ちできないし、お客様もここで購入する理由がない。そして何よりお客様だけでなく、売り手としての私自身も楽しくない。また講師としても、一年弱ほど教本で勉強しただけでは受験のテクニック的なことは教えられても、ワインの本質的なことを伝えることはできない。そして私の先生を含む、名だたる星付きレストランのソムリエでもある先輩講師たちとは並び立てない。

このようなプロ一年生としての想いや悩みと、もう一方でこうした経験を通じてすっかりワインにはまってしまったワイン・ラヴァーとしての好奇心や探究心からたどり着いたのが、「生産の現場に入り込んで、体験的な知識を得ること。それをお客様や受講生に伝えていくこと」。これを一日体験学習レベルではなく年間を通じてリアルタイムの情報として伝えていったり、その中で出来あがったワインを「私が栽培に関わったワイン」として販売することは、他のどんなソムリエも誰も真似できないのではないか？

そんなことを考えながら、都内からも通いやすい山梨あたりで、どこかこの想いに共感し受け入れてくれるようなワイナリーはないものかと探していたときにめぐり合ったのが、動機や目的はさまざまに、こうした体験活動の希望者を広く一般に募集し、組織化している中央葡萄酒の明野栽培クラブだったのです。

五月から始まった作業にも毎回のように参加しましたが、それはとても新鮮な体験。きれいな景色と空気の中で行なう体験学習は、都会のビルの中で机に向かって行なう勉強とはどちらが良い悪いではなく、まったくの別物。両方があることで理解が深まり、経験値も上がるというものです。

そうした体験を、時には整った畑の美しさやそれに囲まれて行なわれる作業そのものの楽しさをストレートに平易な文章で、時には作業の意味合いなどを専門的な言葉を交えてしっかりとした説明を、言葉でまとめて整理し、サイトの公式ブログで「ブドウ栽培日誌」として連載していくことは、ふだん書いているような販促のためのメールマガジンや販売ページの紹介文とはまったく違う経験であり、読者であるサイトのお客様にとっても、おそらく新鮮な内容だったのではないでしょうか。

しかし、こうした活動はあくまでも週末のこと。いわば非日常の（仕事との境目が曖昧な）余暇活動のようなものです。それが一変したのが収穫期の宿泊研修。ワイナリーで寝泊りしながら日の出から日没まで行なわれる収穫を体験するというものです。

スタートから栽培クラブの活動自体、やるからにはとことんチャレンジしたいと思っていた私は、この案内が出てすぐに会社に相談。ただの趣味ではなく、仕事にも大いに関係することということで上司や周りの仲間たちからも理解をいただき、会議のある日など出社が必要な曜日は東京に戻りつつ、それ以外の曜日を畑やワイナリーでの作業に明け暮れるという、それまでの日常と非日常がすっかり逆転したような生活を約一カ月半にわたって送ることになりました。

朝は六時、後半は日の出が遅くなるので六時半から作業開始。日によって、お昼休憩をはさんで日没まで収穫して一日が終わったり、八時過ぎくらいにワイナリーに戻って選果作業に移ったり、あるいは日没まで収穫して、その後夜遅くまで選果をしたり……。

また、作業がそれくらい朝早いですから、東京からワイナリーに戻るときは午後九時過ぎの電車に乗って韮崎に着くのは午前〇時ごろ。そこから一時間くらいかけてロードバイクで明野まで山登りです。逆に東京に出社する日は、山降りは三〇分！　六時半ごろの電車で向かいます（出勤時間が一〇時でよかった）。

体力的にはなかなか過酷でしたが、それを補って余りある貴重な体験。つくり手たちと寝食を共にするくらいの距離感で一緒に仕事をし（食事には特段の配慮をいただき近所のレストランを利用しましたが、それ以上に一緒に食べるまかないのなんと美味しかったことか！）、既存のメディアには現れない現場の声や想いを直接肌で感じる機会を得られたことは、栽培クラブに参加した当初から考えても望外のものです。

そして、その後に出来上がるワインを自分の身の周りの仲間たちや大切なお客様たちに「自分しか見ていない生の姿」を言葉にしてご紹介し、販売し、お届けする。売り手として、伝え手として、そしてワイン・ラヴァーとしてこんなに幸せなことがあるでしょうか？　きっとこの二〇一四年というヴィンテージは、あらゆる意味でこの先忘れられないものになるでしょう。

これほど深いところで活動をしていると、「いつ転職するんだ？　いつ脱サラして農家になるんだ？」……。そんな質問を、冗談めかしながらよくされます。しかし、こうした体験を経た今でも、私はそういう考えはまったくありません。私自身はあくまで売り手、伝え手として、こうした生の現場を伝えることや、こうした「自ら飲むワインの元となるブドウを自ら育てる」といったようなワインの新たな楽しみ方を、これからも提案していくことで、海外に行かなくても輸入などしなくても、手を伸ばせばすぐ届くところにある日本ワインを広めていければ、と考えています。そのためにも私自身、栽培クラブの活動や宿泊研修をライフワークとして続けて行きたいと思います。

テロワールとワインの関係を実感

細川美紀子（明野五期）

グレイス栽培クラブに参加したのは約一年前。

一年のうち三〇〇日以上、なんらかの形でワインを飲んでいるぐらいのワイン好きが高じて、世界のあちらこちらのワイナリーを訪問するようになり、ワインが具現する、また、醸造家がワインの中に表現しようとするテロワールの一部である畑そのものに興味を持つようになりました。

いろいろなワイナリーで見せていただく醸造の過程も非常に興味深いのですが、外に広がる葡萄畑の風景がとても美しく、そしてその畑の土壌、地形、気候、太陽、風などのすべての条件がブドウに、ひいてはワインにつながっていくことを考えると、その奥深さに、なんともいえないトキメキを感じました。

ワイナリーで、畑を案内してくれる人が、ブラブラと歩いて説明をしながら、さりげなく枝を間引きしたりしているのを見たりしても、「瞬時にどの枝が不要かなどを判断しているのだろうなぁ……格好いいなぁ」と思ったりして、そのような畑の部分からワインを理解したくなっていたのです。

そんなとき、メーカーズディナーで中央葡萄酒の「キュベ三澤　明野甲州垣根仕立二〇一一」を飲み、日本の地品種「甲州」でこんなにふくよかな美味しいワインが出来るんだ、と驚きました。日本のワインから受けた初めての衝撃でした。であれば、日本ワインにも注目しなければ、と積極的に飲むようになり、国内のワイナリーにも訪問するようになりました。そして、いろいろなご縁もあり、二〇一四年、明野五期メンバーとして栽培クラブに参加させていただくことになったのです。

ワインのある場所でお会いする方々には、「ワインをお仕事にされているのですか?」とたびたび聞かれるぐらい、ワインに傾倒してはいますが、本業はまったく畑違いの金融業界でウン十年働いています。

私がワインを飲むようになったのはお酒全般が好きな父親の影響ですが、初めて「格のあるワイン」に出会ったのは、大学時代にグランメゾンでバイトを三年間していたときです。そのグランメゾンは当時、大手酒造メーカーの傘下にありましたが、その酒造メーカーがワインにとても力を入れており、お店には素晴らしいワインストックがありました。まだその当時はバブルの名残を残していて万事に余裕があった良き時代だったため、お店がクローズしたあとによく従業員で飲み会をしていて、お客様が残していったボトルのワインや、試飲用に業者が持ち込んだ色々なワインなども飲ませていただく機会が多々ありました。大学を卒業したあと、外資系の金融機関で働くようになってからも、上司などにワイン好きが多く、リーズナブルなものからとても高価なワインまで、美味しいワインを飲ませていただく機会に恵まれ、意識していないままワイン経験値を上げていただきました。そのうち、友人や仕事関係の方々とワインを飲む際に、「どのワインがいいか」などを聞かれることも多くなってきたのですが、アドバイスを求められることが多くなればなるほど、それまでワインはかなりの量を飲んできていたにも関わらず、知識がまったく追いついていないことに気がついたのです。

そんな反省もあり、ウンチクばかり言ってしまうようになりそうで、敬遠していたワインスクールにも通い、本格的に勉強を始めましたが、勉強すればするほど「底なし」と感じるワインの奥深さにますます取り憑かれてしまいました。

グレイスの栽培クラブに参加したときには、皆、私のようなワイン好きが高じて、ブドウそのものを育ててみたいと思って参加しているのだろうと思っていましたが、そういう方ばかりではなく、「ブドウに限らず畑仕事に興味があって」というような方もいらっしゃいます。仕事を引退されて山梨に引っ越してきた方もいれば、子供連れのご夫婦もいたり、と年齢も幅広く、また、関東からだけではなく、西日本からわざわざ来られているような方もいたりしますが、その参加人数の多さに驚きました。

日程や天候や、畑仕事のあとにイベントがあるかどうか（笑）によっても参加者の人数は変わりますが、毎回三〇〜七〇名が、交通費も自腹で明野までやってくるのです。

日照量の多い明野の夏は暑く、畑仕事が大変なこともありますが、その日照量がいいブドウをつくるので、誰も文句はいえません……。

雨が降る日もあるし、冬は寒いし、と少々つらいときもありますが、皆でする畑仕事はやはり楽しいからか、毎年継続的に参加する会員が多いようです。

収穫期だけボランティアを募るワイナリーはいくつもありますが、素人が年間を通じて継続的に畑仕事をするために集まる国内のワイナリーをほかに知りません。

私自身は、畑仕事を自分で体験することにより、それまでワインスクールの教科書を通して知っていた知識、たとえばブドウ樹の樹勢がどれぐらい強いのか、樹勢を押さえるためにどうするのか、とか、日本の多雨な気候の影響をどのように排除していくのか、などを本当の意味で理解できるようになり、また一年間を通じて畑を見ることにより、テロワールとワインの関係を実感できるようになりました。

今年は初めてだったため、いま、この作業をすることにより、これが数カ月後にどんな影響があるか、などが分からないまま作業をしていましたが、二年目からは、そのあとに畑がどうなっていくかを想像しながら作業ができることが楽しみです。

そして、こういうワインをつくりたいから、こういう畑にしていく、というワイナリーの方々の想いも汲み取り、その形に近づけていくお手伝いができたら、と思っています。

人生にムダなし！

藤田隆生（明野五期）

最近、自分の歩んできた人生をプレイバックすることが幾度もある。

もちろん、年齢を経たからにほかならないが、熟慮した結果で決断したことより、直観というか思いつき程度のことのほうが、人生の本道の方向を左右することになっていることに驚愕してしまう。さらに言いたいことは、「人生に無駄なし！」ということ。めぐりめぐって、全部つながっていて、支流が本流に流れ込んでさらなる大河になるがごとくに感じる。

正直、大学進学や就職などの人生の岐路にたったとき、自分なりの力量や適性を自分自身判断し、最近の言葉でいう「セルフ・プロデュース」することで結果を出して歩んできたのだが……。就職活動の時も、音楽好きが昂じてレコード会社を受けたが、結局、百貨店に就職する。そしてデザイナーズブランドのテナントリーシングや海外店舗の運営など、最後は、広告代理店相手のセールス・プロモーションの企画・商品化の仕事と一般の人が思い浮かべる物販とは違う職種を歩んできた。

本来の百貨店は、百貨を扱い、百通りの方法で顧客を楽しませる「装置」である。二〇〇〇年当時、百貨店は本来、フレキシビリティあふれる業態であるべきところだったはずが、構造的問題（意志決定が遅く、制度疲労している組織）で斜陽産業化してしまっていた。漫然とした失望感は、結局、音楽産業に身を投じる決断をさせるのに、何の躊躇もさせなかった。

新たな道の岐路にて

そして、音楽といえばスタジオ・ワークである。しかし、コンテンツ産業の趨勢は、映像と音楽。スタジオも音楽専用のスタジオというよりも、映像をリニア編集（アフレコも）でき、ダンス・パフォーマーの振り付けなどもできるスタジオも必須であることから、結構な面積が必要で、もちろん都内で用意するには途方もない投資になるので容易なはずもなく、結果、前職で関係があった、甲府の百貨店に通じた土地勘から白刃の矢を山梨にたてたのだった。ほとんど何も知らぬままに……。

いわゆる『田舎のコミュニティ』とは現代でも、〇〇さんの息子とか〇〇さんの娘という血の連結がモノをいう社会……で、〇〇さんの嫁という立場は、他府県から嫁いで来たのであれば、二〇年経っても「〇〇出身の〇〇さんの嫁さんじゃろ?」という、いらない肩書が生涯ついてまわる。ましてや、どこの馬の骨ともわからない男が仮に紹介者がいようとも、うろうろできる場所ではなく、土地を貸してくれとか、売ってくれなんてことを切りだすことなど百万年早い、鉄壁なブロック、シャットアウトに合い、夢は一瞬で砕け散ってしまったのだった。

それでも、根っからのM体質の自分にとっては、反骨精神というか、心の炎が燃えてきて、頭の中でゴングが確かに鳴った。この世界は入りにくいなら、反対に懐に入りさえすれば・……と、これまでの経験則から肌にビンビン感じたのだった。

らいわれるので、めんどうくさいから農民になっちまえし！　農業っていっても一年のうち、半分は、雨が降って休みだから、そのときに自分の仕事をすればいいし！　晴耕雨読って知ってるら！　お前の場合は晴耕雨楽ずら！」……と。神のお告げというか、すーと金言が降臨し、スーっと腹に落ちた。

人生の岐路に立ったとき、不思議と感じる感覚だった。翌日には、住民票を山梨市に移し、大いなる道草が始まるのだった。

山梨市牧丘。そこは巨峰をはじめとする生食用の葡萄の産地。

いうならば、「料理人になりたいと手を挙げたところで、フレンチを作るのか、ラーメンを作るのか……？」まったく動機が不純な男にとって、「カン」だけが頼りの状態には違いなかった。

「それで、何をつくるのけ？　おれは、葡萄しか教えられねーぞ！」

前職の海外赴任の生活習慣でワインを常飲していたから出る言葉は自然だった。

「ならば……ワイン用葡萄栽培を教えてください！　お願いします」

「ワイン用？　なんで？　悪いこと言わないから巨峰を作れし！」

「…………。」

「なんで？　不満そうじゃないか？」

「申し訳ありません。自分自身がここ何年も巨峰って食べてないし……」

「食べるんじゃなくて、売るんでしょ！」

「………。」

「悪いことはいわない。ワイン用葡萄は金にならないから……。まずは巨峰を作れし！　覚えたら、あとは好きなようにしたらいいって！　まあ、ワイン用の葡萄を育てている奴は少ないし、樹つきの畑は、巨峰ぐらいしかないから……。選択肢はないわなぁ」

　さらなる道草の回り道の始まりであったが、不思議と嫌な感じはしなかった。


農民ってどうしたらなれるの……？


　リアル農民の恩師の常識は、「就農」というお上が決めたシステムの前には無力だった。「農民」と名乗るのは明日からでもできるが、誰も農民だとは認めてくれない。

　認められていない自称「農民」には、農地を貸してくれない。

　技術はあっても農民と認められないのは、「運転はうまくても免許がない」のと一緒で意味がない。

　ここに来ての足踏みは、道草といえない。

　農水省のＨＰにアクセスしてみた。検索すると永田町に程近い、農水省の出先機関があることを知り、出向いてみた。

　このような組織を攻略するには、川上から川下へ、中抜きせずに制度を遵守して中央のほうから地方の担当を紹介してもらうのが近道であることは、知っていた。

　アポもとらずに行ったが、案の上、誰もいない。このような組織の方と話すのは、「知ったかぶり」は命取りである。アポの件の非礼をわびつつ、『正式な農民になる作法』を一から教えていただいた。

　この判断は間違っていなかった。

あっという間にレールに乗って、永田町→山梨県→山梨市の農政のプロとお話ができて、認定農民のセレクションに加えていただき、知事の認定をいただくことができた。これをもって、山梨市市役所の農地課経由で生食用葡萄の圃場を借りることができたのであった。

これと並行して、新たな門をくぐるとき、新しい分野に参入するときの自分の流儀として、「楽するための、本質を知らぬままのショートカットは、必ず足をすくわれる原因になる」ということはここでも役に立った。農業における本質とは、「農地」であり、それは、単なる土の集合体ではなく、「圃場」という状態にて維持することが命なのであって、その問題とは、「耕作放棄地」であり、農地に適さない場所（日差しが悪い）は、山に戻してしまうとしても、親から子への技術伝承の断絶（子供に農業を託さず、積極的に会社勤めを推奨した結果）によって生まれた物件は積極的にサルベージするべきだと感じていた。

認定就農者（見習い農民というところか?）になるにあたって、耕作放棄地の開墾を自分のタスクとした。当該地域の農業委員さんのところに挨拶に行って、「困っている耕作放棄地がありましたら紹介してください。この地域に恩返しすることなんていつになるかわからないので、先んじて奉仕をやらせて下さい」と話した。

農業委員さんは、ポカンとしていた。「おまんは、変わってるな！　たいていは『良い畑をまわしてくれ！』と百人が百人いってくるぞ！　でも気に入った」といってくれた。

葡萄の畑の剪定の研修のかたわら、草だらけ、雑木だらけの畑（?）との格闘が、草刈り機を背負って始まった。機械の唸る音が名刺代わりになって、まわりの畑で作業する人たちに届き、夕刻を告げるころになると、毎日、違う人たちが声をかけてくれた。こちらから挨拶に出向くより、背中というか、エンジン音が語ったということで、結果、正解だった。作業に対しての真面目度というか、ひとりで何やら土にまみれてやっている姿を見てくださっているようだった。

余談だが、草刈り機を地元に代理店のないＨＯＮＤＡの４サイクルの機種をチョイスしたことで、大多数の方が「どこのメーカーの機械だ？　音が違うだども……。よう毎日飽きずにやってるなぁ。一日中やってると疲れるだろう？」と聞いてきた。

「４サイクルだから音も静かだし、振動が少ないので疲れないですよ」と答えると、

「どこで買えるんだ？　おしえろし！」

「インターネットで買うと安いですよ！」

「インターネット？　都会の人はすごいなー！　農業も変わらないといけんね」

「……。（何で都会から来ているって解ったのだろうか？）」

田舎の口コミは、インターネットを凌駕していると私は思う。

――この放棄地畑は、植物性の堆肥を毎年充填して、今年から、ワイン用品種の栽培の畑としてエントリーできるようになった。

運命的な出会いと農村の流儀

赤松さんとの出会いは、「イカロス出版」の石井もとこさん著『ワイナリーにいこう』の中に記載されていた栽培クラブの記事を通してだった。二年に一回の発刊ということもあり、購入してすぐにメールにて連絡したのであったが、すでに二〇一三年の四期生は締め切ったあとで、エントリーはかなわなかった。

しかしながら、赤松さんから、「気を落さずに、五期生としてエントリーしてくれ」との激励をいただき、またまたちょっとうれしい回り道をすることになった。

会に参加することで困ったことは、正直言うと「ナイ」。

強いていうならば、作業の頻度（回数）が少ない……ということだろうか。

明野チームと鳥居平チームを円滑に運営するということは、半端な覚悟ではできないのがわかるだけに口が裂けてもいえないが……。栽培クラブにおける赤松さんの存在自体が、ＡＫＢにおける「高橋みなみ」の存在のごとく、栽培クラブ＝赤松さんそのモノであることに異論を唱える人はいないと思う……。それを踏まえて、栽培クラブに対して感じるのは、適度の「ゆるさ」が必要ということだ。

クラブの構成員同士の関係は、「それぞれを否定しないこと」という多様性を認める上に成り立つべきであると思うのだ。それだけを担保、遵守することが必要で、それだけで良いとさえ思う。私のように栽培技術を極めたいという人間も栽培の実態を見てみたいという人も混在していることが大切だと思うのだ。

このような、「利害関係、競争関係のない関係」自体は、家族以外にない関係。

「競争原理の導入」により、すべての民を「勝ち組と負け組に分けたがる社会」とは、本来は、山里には馴染まない、相容れないものだと感じる。「植物を生育することにストイックに全力で取り組むべきがタスク」であり、競うべきは、製品としての「作物のみ」であるべきだと思う。優秀な農家を表す、「篤農家」という、読んで字のごとしである。勝ち負けの尺度である、生産性にこだわることが、慣行農法に流され、昔ながらの農法を捨てた結果、圃場の地力を失って結局、生産性を落としてしまった農業自体のように、「多様性を容認することが組織の隆盛のカギを握る」のだし、単一的思考に未来はないと肌感覚で感じるのだ。

もともと「マテ!」を食らって一年遅れでエントリーした身分（クラブ員の中で同じような気持ちで一年待った方が多いのには驚いたが……）としては、すべてが楽しい経験の連続で、しかも圃場で甲州以外にも国際品種の栽培の姿自体を目の当たりにできること、剪定を含めて、栽培に実地に携われることは「幸せ」という以外に表現ができないのが本音だ。しかも、赤松さんの栽培に関するレクチャーも、私にとってはうれしいことの一つで、「キチンと理詰めで理解できる」こと自体が他の栽培クラブと一線を隔すことだと誰かいっていたと思う。いきなりの作業だけでなく、座学で知識を得られる欲求を満たせるのも秀逸なシステムだと感じる。

巷では、TPPだとか、農協（JA）改革だとか、あたかも今の農民自体が「制度悪」のように論ずることが多いが、それ自体は「ナンセンス」なことだと自分は感じる。自由と創造はセットで存在している。さらにいうと、日本は、戦争に負けて民主主義をいただいたのでは決してない。日本流の民主主義は太古から存在したと感じる。何も都市部で生まれ、制度化されたものでないと思う。「世の中（のこと）は、すべてつながっている」ということは、自明のことであるし、時系列のごとくだけでなく、有機的に絡まり合って存在しているのである。ピケティがもてはやされているが、原始共産主義的解決論は、自分はとうてい、鵜呑みにはできないでいる。

農業に携わっていない者は、改革を論ずるべきではないし、ましてや枠組み・スキーム自体を決めることはもってのほか、強烈な違和感を感じるのは、私だけだろうか？　大企業の参入のもと、「派遣社員」という名の小作人が入れ替わり立ち替わり市場参入してきて、ノウハウの蓄積や日本古来の「匠の技術」

（数値として表わせない技術）は棄ててしまってよいのであろうか？

自動車業界が期間工を大量に投入して、安い賃金で生産（消耗）させ、大きな利潤を生ませ、結果、その仕事の大半をロボット化し、レイオフしてしまって、人々の幸せを踏みにじり、最後は、「生産性」の名のもとに、本来の購入を司る、マーケット自体を極小化に向かわせしまうことに気づかないのだろうか？　農業もそのような道をたどることにならないか危惧するし、「大規模集約化」の名のもとに大企業による「ランドラッシュ」化を招くことを改革というなら、大変な愚行であるといえる。企業はどんな崇高な社是を掲げても、出資する株主の意向で動くものである大前提を忘れて、安易な参入をさせると、農地法は形骸化して、土地はあっても耕せない……という時代が来ないことを祈るばかりである。農業こそ、生産する労働自体を愛し、喜ぶ存在であるべきで、そこに未来があると感じる。　そのような行動を取る『百姓・農民の顔』が答えだと物語っていると思う。

最後に栽培クラブの意義というか、私が感じ大切にしたいことは、「家族のようなつながり」であり、「無償の愛的なブドウ（ワイン）に対する愛情」であり、「いろいろなベクトルに向いている多様な想いとそのこころざしを決して卑下しないルールを守りたい」ということである。

中島みゆきさんの『ファイト！』という唄の一節に、「闘う君の唄を闘わない奴らが笑うだろう……」という箇所がある。いろいろな想いを背負って集いし仲間たちのそれぞれに幸多かれと常に思っている。そして、こんな素敵な集まりは、ＣＳＡ（Community Supported Agriculture）、日本で生まれた「産消提携」の発想を温めることで、その想い自体が巡りめぐって、自分の問題を解決してくれると確信し、それを体現・実現する場所・仲間たちだと信じている。

■ 編者略歴

山本 博（やまもと・ひろし）
弁護士。1931年横浜生まれ。早稲田大学大学院法律科修了。早くからワインに関心を持ち、世界のワイン事情に精通。膨大な著書・訳書があり、日本における正しいワイン知識の普及に大きな功績を残してきた。ワイン評論の先駆者でもあり、今も世界のワイン産地や日本のワイン産地で精力的に取材を続ける。日本輸入ワイン協会会長、日本ワインを愛する会会長。

ブドウと生（い）きる
――グレイス栽培（さいばい）クラブの天（てん）・地（ち）・人（じん）

2015年12月15日　初版第1刷発行

編　者　山本 博
発行者　佐々木久夫
発行所　株式会社 人間と歴史社
東京都千代田区神田小川町 2-6　〒 101-0052
電話　03-5282-7181（代）／ FAX　03-5282-7180
http://www.ningen-rekishi.co.jp
装　丁　人間と歴史社制作室
印刷所　株式会社 シナノ

ISBN 978-4-89007-200-2